COLLECTION FOLIO

Philippe Rahmy

Béton armé

*Préface de Jean-Christophe Rufin
de l'Académie française*

La Table Ronde

© Éditions de La Table Ronde, Paris, 2013.

Né à Genève en 1965, Philippe Rahmy est atteint de la maladie des os de verre. Égyptologue, licencié en philosophie, il collabore au site www.remue.net. Il a publié deux recueils de poésie aux Éditions Cheyne : *Mouvement par la fin* (2005), avec une postface de Jacques Dupin, couronné par le prix des Charmettes / Jean-Jacques Rousseau, et *Demeure le corps* (2007).

à Patricia Johnson

Une jouvence du regard

Pour celui qui voyage souvent, il subsiste toujours une nostalgie : celle de ne pouvoir revivre de nouveau un premier voyage, de ne plus retrouver l'émerveillement pur de la découverte. Le voyage tue le voyage. Il établit des routines, et, par-delà l'apparent changement des décors, le voyageur blasé finit par ne plus rien voir : ni les autres, ni lui-même. J'ai connu, comme beaucoup, ces moments de permanents déplacements, au cours desquels toute perception se brouille. Lieux et personnes se confondent, dilués dans une perpétuelle nausée.

Philippe Rahmy nous offre un remède radical contre cette usure du regard. Il nous donne, dans ce texte, la merveilleuse occasion de redécouvrir les émotions pures du premier instant. En le suivant à Shanghai, on ne plonge pas dans un inconnu apprivoisé par la routine du voyage ; on retrouve au contraire, par l'acuité de son regard et la grâce de son écriture, une fraîcheur dans la découverte, une avidité de voir et de sentir que l'on croyait avoir oubliées.

Ce livre est une jouvence du regard. Il restitue le monde dans son mystère premier, celui qui a bouleversé l'enfant que nous avons été et que le temps a enseveli. Cependant, à la différence du regard désarmé de l'enfant, celui de Philippe Rahmy, pour cette première fois, est le regard d'un homme adulte, mûri par la réflexion, une grande culture et la souffrance.

Je ne veux pas m'étendre ici sur les raisons qui ont fait que Philippe Rahmy n'a pas pu voyager jusqu'à présent et pourquoi un tel déplacement lui a demandé d'immenses efforts. Je veux seulement souligner ceci : la longue peine d'enfermement que lui ont infligée les faiblesses constitutionnelles de son corps a extraordinairement développé sa curiosité, sa sensibilité et sa culture. Rien de tel que d'être immobile pour réfléchir plus que quiconque au mouvement, au voyage, à la puissance du rêve et de l'imaginaire. L'admirable de l'affaire est qu'il a transformé cet obstacle en liberté intérieure, cette fragilité physique en force morale et qu'avant de voir, il a pris le temps de construire un vrai regard.

La vision qu'il nous livre de Shanghai est celle d'un homme pour qui cette ville représente non pas un lieu parmi d'autres, mais un nouveau monde. C'est qu'il lui en a coûté pour l'atteindre ! En notre siècle de vitesse et de facilité, Rahmy nous restitue un attribut qui fut longtemps propre au voyage : la difficulté. Il est plus près, à sa manière contemporaine, d'un Marco Polo que de nous. Les dangers que Rahmy a dû affronter ne sont pas les mêmes, mais ils sont aussi nombreux. Il en résulte un appétit de voir multiplié par le long jeûne de l'immobilité. Il observe tout, le moindre détail lui parle, ce qui serait insignifiant pour un autre déclenche en lui émotions et réflexions. Le livre que l'on va découvrir est un précieux mélange de choses vues et de méditations profondes sur le temps présent, les cultures, les liens qui enferment le monde en lui-même et nous le rendent étranger, sur la puissance de l'écriture et sur ses limites.

C'est aussi un bel hommage à cette Chine vibrante d'énergie qui s'est enfin éveillée et qui fascine l'écrivain par son dynamisme. En même temps, ce qu'il voit, il en a conscience, n'est qu'une fenêtre étroite sur la réalité. Le voyage est pour lui la découverte d'un mystère. Le pays qu'il visite se livre et se dérobe.

Écrire, pour Philippe Rahmy, est à la fois un horizon de liberté, un bien irremplaçable et en même temps un pauvre moyen sans solidité quand il se cogne à la dureté du monde. « Voyager à travers le langage comme à travers le paysage », dit-il. Et, tout en mesurant ce qu'il ne peut atteindre, il trouve, dans cette expérience chinoise, la justification de son combat : « Ce qu'on écrit dépasse ce qu'on est. » C'est cette espérance qui le porte pendant tout ce voyage et, je le crois, pendant toute sa vie. Le grand bonheur est qu'il ait réussi à en faire la preuve. C'est une réussite et, pour lui, une victoire.

Peu de textes, en nous transportant aussi loin, nous ramènent aussi profondément en nous-mêmes.

JEAN-CHRISTOPHE RUFIN,
de l'Académie française.

Il me plaît, quant à moi, de penser que, quoi qu'il arrive, et quoi qu'elle tende à être, la Chine sera toujours différente.

HENRI MICHAUX,
Un barbare en Asie.

I

Shanghai n'est pas une ville. Ce n'est pas ce mot qui vient à l'esprit. Rien ne vient. Puis une stupeur face au bruit. Un bruit d'océan ou de machine de guerre. Un tumulte, un infini de perspectives, d'angles et de surfaces amplifiant le vacarme. Toutes les foules d'Elias Canetti se coupent ici, se heurtent et se multiplient, fuient à l'horizon ou s'enroulent autour des points fixes (kiosques, bouches de métro, abris de bus, passages piétons). Des foules en procession et des foules fermées se pressent dans les parcs. Des foules semi-ouvertes, radioconcentriques, chatoyantes, s'écoulent de la rue vers l'intérieur des hypermarchés, flux de chairs et de choses, flux d'essence giclant de vitrine en vitrine, grasses pattes, filoches de doigts, odeurs. L'espace grandit encore. Des foules béantes s'étirent à perte de vue, disséminées le long des voies de chemin de fer ou étirées par les câbles de milliers de grues. Des foules-miroir, enfin, se font face sur les boulevards, étrangement statiques, mastiquées, balançant leurs yeux et leurs cheveux noirs, chacune hypnotisant sa moitié complémentaire. Shanghai est à la fois mangouste et cobra.

La stupeur se dissipe. La ville se dresse. Paysage vertical d'éléments inertes, signes de pouvoir. Paysage horizontal de matières vivantes, expression d'un désir. Mises côte à côte, les parties de cet ensemble forment un décor. Il n'a aucun sens. Je suis abruti par le décalage horaire. Comme la vache qui regarde passer les trains, je ne comprends pas ce que je vois. Je suis fasciné par le mouvement. Au premier plan, des gens se massent sous les arbres. Râblés, ils portent des voiles transparents. Ils vendent des os alignés sur une natte dans la forme approximative d'un squelette. Derrière eux, l'avenue bourdonne. Je les regarde comme Christophe Colomb découvrant des ossements humains sur les plages de Guadeloupe, sans en déduire que les Chinois sont cannibales.

Ces commerçants sont des Achang, un peuple de chasseurs nus du nord-ouest du Yunnan. Aujourd'hui sédentarisés, ils avaient la réputation de garder leurs prisonniers en vie durant plusieurs années avant de les manger. Ils peignaient ensuite leurs os de différentes couleurs et se les échangeaient au cours de grandes fêtes. Désormais, les Achang vivent à proximité des abattoirs des villes. Ils s'y fournissent en ingrédients qui entrent dans la composition des soupes médicinales.

Shanghai. Ce nom explose sous sa masse. Dans aucun pays, sous aucun régime, l'homme n'a produit un tel dieu. Il tranche l'espace, il prolifère. Irrésistiblement, le petit jeu des analogies se met en place. À quoi ressemble ce qu'on n'a jamais vu ? Des images folles se bousculent. Le réel est une machine à rêver. Le nom des rues, les affiches, les manchettes, les voix, la foule, tout cela se combine aux visages, identiques au premier regard. Le peuple, le voici. Le peuple chinois. Taureau. Dragon. Le peuple du labour et de la révolution. Soudain, une femme enceinte se retourne. Elle s'arrête dans un grondement de poubelles. Le gyrophare d'un camion-benne passe sur elle. Elle clignote comme un hologramme. Elle est grande. Sauf son ventre qu'elle soutient à deux mains, son corps est décharné. Le flash la balaie, puis la poussière et le martèlement de l'avenue, puis la puanteur de la benne, puis toute la ville jaillissant de la plus lointaine épaisseur de la terre. Shanghai défile sous le masque anonyme de la foule. La foule n'existe plus. Les masques tombent. C'est maintenant la vie incarnée, à cet instant et en ce lieu précis, qui explose devant moi, pour moi, et qui m'éveille, et qui m'enfonce la tête entre les cuisses de cette femme, à l'intérieur de son ventre où se concentre toute la chaleur de son corps, et qui me fait naître à 6 heures du soir, là, dans cette rue, dans la peau de tous les individus seuls au monde, de tous ces pauvres types, de toutes ces pauvres filles crevant de faim et de désir.

Gens ordinaires déformés par le gigantisme des lieux. Ils téléphonent. Ils écoutent de la musique. Leurs traits sont tirés. Leurs vêtements élégants sont pâles comme le béton. Shanghai les domine. Shanghai les veut au seul service de sa puissance. Ils se taisent. Ils se balancent d'un pied sur l'autre. L'instant d'après, ils se jettent sur l'avenue. Ils se frôlent sans se toucher, ils se percutent ici ou là avec la précision de deux aimants, ils poursuivent leur course entre les buildings plantés dans le ciel gris-noir.

Les immeubles dépassent l'imagination qui reste attachée à la terre. On entend des sirènes et des coups, comme un grognement portuaire. Une lumière musclée brasse la pollution. Des nuages se forment entre les tours, pliés et repliés par les rafales de vent. On dirait des éléphants se roulant dans la poussière. Une femme portant un plat de poissons traverse le boulevard. Elle danse avec les voitures. Sa voix éraillée répond aux klaxons. Elle atteint le trottoir opposé. La circulation déferle. Quelques jours plus tard, cette même femme traversera un autre boulevard. Elle tiendra un enfant par la main, ou un vieillard, quelque chose de vivant et de fragile qu'elle caressera d'un geste machinal avant d'être heurtée par un van. Elle mourra ou ce sera l'enfant, ou le vieux qu'on roulera sur le côté. Un drap sera posé sur sa figure. Une même concierge traînera son balai de sa cour à la rue, elle s'arrêtera à quelques mètres de la forme allongée, elle gueulera quelque chose avant de retourner nourrir ses oiseaux. De part et d'autre, il y aura les mêmes trottoirs à palissades, la même multitude affairée et nonchalante. Il y aura des bras et des jambes, des silhouettes portant des échelles, des gaules, des perches d'oiseleur, des antennes paraboliques, des machettes, des ombrelles. Des millions de visages continueront à défiler dans les phares des voitures. Des pas rapides sur le trottoir, étouffés, comme le murmure d'un peuple marchant sur la pointe des pieds. Et des yeux noirs, perdus, derrière lesquels on verra briller la force de chaque jour.

Ce n'est pas une ville que voit celui qui débarque à Shanghai, mais un symbole incandescent d'humanité.

II

J'ai reçu mon invitation pour la Chine au retour d'un déplacement à Stuttgart. Je m'étais rendu au chevet de mon oncle maternel atteint de Parkinson. Le matin, j'assistais ma tante pour la toilette du malade. L'après-midi, je me baignais à l'étang. Le soir, il fallait affronter les heures les plus dures. Mon oncle cessait de respirer. Sa carcasse s'arquait. Ses membres, écartelés par des liens invisibles, se soulevaient au-dessus du matelas. Progressivement, la crise passait ou, plutôt, se brisait comme des plaques de glace, toujours plus fines, presque liquides ; ses dents grinçaient, mordaient, claquaient ; sa bouche lançait des jurons, des menaces, des grognements, plus aigus à mesure qu'ils s'apaisaient, des sifflements, puis des plaintes, des pleurs, des gargouillis, puis plus rien. Son visage, déjà coulé dans le masque mortuaire, se libérait de sa gangue plâtreuse, ses mains se déliaient, faisaient signe ; il fallait s'approcher, plus près, tout près, coller l'oreille pour l'entendre murmurer une comptine mêlée de soupirs, de dates, de vieux souvenirs de la guerre, le nom de villes ou de villages traversés après avoir quitté Berlin en flammes, ou celui du hongre attelé à la carriole familiale, qui leur avait sauvé la vie plusieurs fois en flairant les embuscades, « Wallach… Wallach… », ou répéter le prénom de son frère cadet emporté par la leucémie, ou encore celui de ma mère.

Il faisait doux. Le ciel nocturne éclairait la chambre. Au loin, on devinait des promeneurs dans le vignoble, une torche à la main. Ils marchaient en file indienne jusqu'au sommet de la colline. Ma tante se laissait aller. Assise au bord du lit, le dos au mur, elle tenait son mari par l'épaule. Elle gardait les yeux fermés de longues minutes. Elle souriait. Les images heureuses du passé lui emplissaient la tête. Je l'écoutais respirer. Les boiseries de la charpente craquaient dans la fraîcheur du soir. D'autres marcheurs traversaient l'obscurité en suivant les aboiements de leurs chiens. Ma tante rouvrait les yeux. Mon oncle se remettait à gémir. Elle lui donnait à boire. Il s'étouffait. Ses lèvres gercées crachaient de nouvelles insultes. Il arrachait ses draps, son pantalon de pyjama, et là, avec sa figure d'oisillon, il invoquait le diable avant de sombrer dans un sommeil de mort. Cette vie durait depuis douze ans.

Mon oncle avait été ministre. Durant la période de la Bande à Baader, le gouvernement lui avait alloué une voiture blindée. Je me souviens du poids des portières que je n'arrivais pas à ouvrir. Je me souviens des gardes du corps qui nous escortaient à l'église pour Noël, le veston ouvert sur la crosse de leurs revolvers. J'éprouvais de la fierté à faire partie d'une telle famille, et aussi la honte du canard boiteux : j'avais un père égyptien qui m'avait transmis un mal héréditaire. J'éprouve aujourd'hui un étrange vertige à voir mourir cet oncle qui me dépassait en tout. Survivre aux êtres sains est la vraie consolation des incurables. Il se peut que j'aie fait ce voyage en Allemagne pour la même raison qui m'avait fait veiller mon père à la maison, jusqu'à la fin. J'avais alors une quinzaine d'années. Rien n'est plus triste et plus doux pour un fils que l'agonie de son père, que de plonger ses yeux dans les siens, avec amour, avec froideur, une dernière fois comme enfant, une première fois comme mâle dominant.

L'orage est passé. Shanghai scintille. Il me semble que je plane au-dessus du ciel étoilé, dans une nuit surplombant la nuit. J'ai mal à la tête. Appuyer mon visage contre la vitre fraîche me soulage. Je ne parviens pas à récupérer du décalage horaire. J'ai peur de m'allonger, j'ai même peur de m'asseoir. J'ai peur de reprendre la pose de l'enfant que j'étais, prostré dans la maladie, dans ma maison sous le lierre, au pied du Jura.

Voyager aussi loin me donne un aperçu de ce que serait vivre toujours. Regarder la ville me fait du bien. Chaque immeuble est une porte, chaque rue un fossé noir. Nuit profonde. Je ne pense à rien. Je vis. Je compte mes morts. Nous ne vieillissons pas à cause du temps qui passe. Nous vieillissons à cause des morts que nous portons et qui continuent de mourir en nous. J'allume une cigarette. Mieux vaut éviter les tables pour écrire. Qu'elles soient rondes ou carrées, elles sont faites pour manger. Pour reprendre des forces. Pour reposer les bras et les épaules après une longue journée. Pour s'avachir. Je reste perché au bord de ma fenêtre. Les camions de la voirie se sont mis en action. Je ferai tout pour survivre aux gens que j'aime.

III

Il y avait une famille allemande, autrefois, portée par l'espoir d'une vie meilleure. C'était une vieille famille d'avant les Habsbourg. Les hommes y pratiquaient l'escrime, la franchise, l'honneur. Les femmes étaient instruites, artistes, indépendantes. Cette famille n'était pas riche à proprement parler. Elle possédait des terres et sa réputation. Elle était comme ces corps alanguis en été qui laissent pendre leurs bras au bord de la chaise longue, ou comme ces vieux chiens de l'hiver qui soupirent en rêvant devant la cheminée. Le nazisme l'a réveillée. La patrie, qui n'était pour elle qu'une idée douce-amère où de moyenâgeuses splendeurs se mêlaient à l'humiliation de 1918, a frappé ces gens en pleine face. Une euphorie collective s'est emparée du pays. Berlin vrombissait. Les inconnus se saluaient comme des frères et des sœurs. Le lendemain, ils se livraient de sanglants combats de rue. Ils voulaient tous leur place à la table du peuple allemand. Ils y croyaient. La vie était rude. Tout le monde avait faim. Mais jamais l'Allemagne n'a été aussi vivante que durant ces folles années. Partout de la musique et des cris. L'Allemagne repartait à neuf. Elle était une plante grimpante qui s'enroulait autour de l'idée de nation. Elle a atteint le ciel sur un vacarme d'acier et de bottes. La guerre a éclaté. Sa loi est simple : tuer ou mourir. La guerre a été perdue. Sa loi devint compliquée : survivre.

Il n'y eut aucun mort dans ma famille. Mon grand-père, médecin-colonel, a été fait prisonnier par les Soviétiques en zone tchèque. Il est revenu décoré par ses geôliers pour avoir enrayé une épidémie de choléra. Ma grand-mère a quitté Berlin sous les bombes avec ses trois enfants. Les immeubles s'effondraient. Il a fallu ramper de cave en cave sous le brasier de phosphore, percer les murs, atteindre l'air libre, courir, sauter dans la carriole, fuir. Comme son mari, elle était médecin. Elle a soigné les éclopés au bord du chemin. Elle est arrivée en zone américaine.

Quel nom donner à ces nazis qui, une fois vaincus, ont sauvé leur peau et continué à vivre sans jamais renier ni même évoquer leur passé ? Rescapés ? Loups déguisés en agneaux ? Simples êtres humains ? Ils se sont glissés parmi les fuyards comme des imitations monstrueuses des rescapés des camps. Les bourreaux pleins de suif se sont mêlés à la foule de leurs victimes. Puis ils sont rentrés chez eux. Ils ont relevé l'Allemagne en ruine parce que cette société était encore la leur, celle de 1939, cette entité qui s'était purgée de toute opposition, traquant près d'un million de personnes dans ses rangs avant la guerre, selon les statistiques de la Gestapo. Quel nom donner aux survivants allemands ? Quel nom donner à leurs enfants ? Héritiers ? Génération perdue ? Quel nom donner aujourd'hui à l'Allemagne ?

Mon plus jeune oncle est mort en quelques jours, il y a dix ans. Il m'a appris à jouer aux échecs. Je l'aimais. Il avait le rire explosif des hommes qui n'ont pas vraiment su devenir adultes. Durant la nuit où nous l'avons veillé, son visage a fleuri, libérant tous les secrets de son âme.

La mort ne s'oppose pas à la vie. Elle la prolonge sur un mode mineur.

La mort n'est que la vie ralentie.

IV

Les préparatifs du départ sont plus pénibles que prévu. Ayant appris mon état de santé, l'Association des écrivains de Shanghai exige une attestation d'assurance et une batterie d'examens médicaux. Le message dit encore, dans un jargon de logiciel de traduction, « veiller au poids bagage et ce qu'on emmène pour lecture ». Je ne sais rien du programme qui m'attend. Je vais vivre à Shanghai aux frais de l'État chinois qui invite chaque année une dizaine d'écrivains en résidence, et qui les exhibe durant deux mois comme les Romains faisaient défiler les vaincus pour distraire le bon peuple de la Ville. Mais contrairement aux princes barbares auxquels on coupait la langue, il semble qu'on voudra à la fois nous montrer, et nous entendre.

Qu'emmène-t-on pour une lecture ? Un livre, quelques pages manuscrites, une histoire qu'on improvisera sur le moment ? Que prend-on avec soi quand on change de monde ? Un interprète. Quelqu'un qui parle un si grand nombre de langues qu'il saura se faire comprendre en toute occasion. Christophe Colomb avait le sien. Il s'appelait Yosef Ben Ha Levy Haivri (Joseph fils de Lévy l'Hébreu), dit Luis de Torres. Il connaissait l'hébreu, l'araméen, l'arabe et le portugais. A-t-il su parler aux indigènes ? Torres a fait partie des quelques membres de la première expédition qui ont refusé de rentrer en Europe. On raconte qu'il a été assassiné, ou alors qu'il a vécu dans la forêt après avoir renié sa foi par amour pour une Indienne. Parler toutes les langues ne protège pas du pire.

Je serai donc mon propre interprète, ou plutôt, ma maladie me servira d'espéranto. Tous les hommes sont malades. La douleur est une langue commune. Chaque rage de dents, chaque mal aux pieds, chaque souffrance fait écho à la douleur de naître.

Libéré du ventre maternel, l'enfant croit mourir. On l'expulse du paradis. Cette douleur fulgurante s'estompe vite. Elle est remplacée par l'effort de respirer, puis par l'émerveillement d'entendre, de humer, de toucher, de voir. Chacun de nous porte trace de la chute, enterrée quelque part dans la mémoire, pas même un souvenir, à peine une ombre, matrice de toutes nos plaintes. Mais pour celui qui naît malade, couvert de blessures permanentes, la douleur ne prend jamais fin. Elle durera aussi longtemps qu'il vivra, si bien qu'il n'en finira pas de naître.

« Veiller au poids bagage et ce qu'on emmène pour lecture. » Je pars pour la Chine. Mes bagages ne pèsent pas lourd. Ils font le poids de mon squelette, un dixième du poids de mon corps, cinq à six kilos d'os, le poids de la Bible de Gutenberg déposée à la bibliothèque Mazarine, le poids de *La Divine Comédie* dans son édition imprimée de 1555, le poids d'un enfant de six mois, le poids de ma vie d'adulte.

J'ai passé ces derniers jours à attendre les résultats de l'IRM. Mon enfance et mon adolescence ont été suspendues aux diagnostics. Je revois mes parents faire des messes basses dans le couloir des urgences, leurs mines sombres me servant de baromètre pour évaluer la gravité de ma blessure : un sourire embarrassé signifiait que je m'en tirais avec un plâtre, un regard tendre que je restais à l'hôpital. Je juge encore les gens d'après cette échelle : qu'on me témoigne de la bienveillance et je crois qu'on va m'abandonner, qu'on veut ma mort.

Je me suis fait cinquante fractures. C'est peu. D'autres malades s'en font des centaines. J'ai de la chance dans mon malheur. Mais on m'a récemment découvert une faiblesse au cœur. On a parlé de processus vital. Chaque mauvaise nouvelle est à la fois la première et la dernière. Elle m'écrase et me traverse dans un même mouvement.

Les résultats sont arrivés ce matin. L'enveloppe restera sur la table. Il semble que l'oiseau qu'on a dans la tête ait d'abord besoin de quitter la cage mentale qu'on s'était aménagée pour résister à la maladie. L'esprit s'envole au-devant de la peur.

L'enveloppe en papier kraft, brunâtre sur la table en bois, ressemble à un animal traqué qui se plaque au sol.

J'ai cru entendre les râles de mon oncle à l'intérieur de l'IRM. À force de laisser passer en moi le vacarme de la machine, il devenait syllabique. Je reconnaissais des segments de parole, claquements, murmures, des bribes de cette langue des origines que Rousseau situe si profondément en l'homme, ces voix dont on ne peut pas dire si elles proviennent encore de nous ou si elles traduisent un ordre premier qui nous permet d'envisager notre rapport à l'infini.

Ce sera donc la Chine… ou le bloc opératoire. Je déchire l'enveloppe. Elle contient un rébus de chiffres se résumant d'un mot : voyage !

V

Modern Universe Business Plaza, 99 Huichuan Road. Cette année, l'Association des écrivains de Shanghai a logé ses invités dans un immeuble pour hommes d'affaires, avec guérites, gardiens (un chien molosse à poils longs, albinos et quotidiennement passé au shampoing volumisateur, patrouille seul à travers les quatre niveaux du parking souterrain), ralentisseurs, sas sécurisés, poubelles servant de bacs à fleurs. Un garde à l'humeur sombre veille dans le hall. Les clients lui présentent leur clé. Il actionne les portes coulissantes débouchant sur les ascenseurs, toujours pleins, qui font la navette entre les salons de massage et le bar en sous-sol, et les étages. Il y a peu d'Occidentaux. Ceux qu'on croise ont des mines de déterrés. Ils se rajustent en marchant, ils ont l'air sur la brèche, ils répètent les quelques phrases qu'ils ont apprises par cœur et qu'ils vont servir à leur rendez-vous, ils ont traversé la moitié du monde pour signer un contrat qui va leur échapper, ils passent deux doigts dans leur ceinture, ils quittent l'hôtel, la chaleur les plie, les chiffonne, ils dégoulinent, suintent la défaite, sont engloutis par Shanghai. Le garde les a salués. Il restera sur sa chaise toute la journée. Il est retourné à sa torpeur sans que rien ne trahisse ses pensées sauf, peut-être, le pli un peu plus marqué de sa moue.

Les chambres sont à l'image du reste, impersonnelles, tape-à-l'œil, déglinguées. Une collection de pancartes signale l'interdiction de fumer au lit; d'autres cartes seront glissées sous ma porte chaque soir, imprimées recto verso de filles orgasmiques en costume d'infirmière ou de Bunny. Les programmes de télévision enchaînent les feuilletons historiques et les défilés militaires. La moquette, incrustée de marques sombres, semble avoir servi de piste d'entraînement pour bergers sur échasses. Elle pue. Cette odeur de tabac et de détergent est recyclée par une climatisation bloquée à 17 °C dont le bourdonnement, hargneux, mais régulier, reproduit celui de la circulation qui reste audible une fois la fenêtre fermée. Je l'écoute, allongé dans la pénombre, me disant que le monde est partout le même, trivial, cohérent, désespérant de persévérance. Cette fenêtre, d'environ deux mètres sur deux, superpose quatre segments horizontaux de paysage bancal : huit tours néo-classiques à chapiteaux corinthiens et halogènes Luna Park, placardées de baies vitrées qui resteront éteintes à la nuit tombante. Un appartement semble habité, juste en face. Un plafonnier s'allume à 19 heures. Une ombre apparaît derrière les rideaux, toujours au même endroit. Cela fait une semaine que je suis arrivé à Shanghai et l'ombre n'a pas bougé. Ce soir, je me suis payé une bouteille d'alcool local. Le liquide visqueux et sucré se mélange à l'air que je respire. Un orage sec éclate. Une seconde forme apparaît. Elle reste ainsi, adossée au bord opposé de la fenêtre, aussi immobile que la première. Des éclairs plus nombreux traversent le ciel. Chaque fois, la ville se découpe sur un vide laiteux. Derrière l'hôtel s'élève une station radio. La foudre tombe. La nuit s'illumine. Les antennes se dressent comme des arbres morts.

VI

Changning District, Zhongshan Park. Traverser des empilements de chaleur jusqu'au glouglou d'une fontaine en granit. Les lampadaires blanchissent le sommet des arbres. Des ouvriers se refroidissent les pieds. Ils mangent en silence. Leurs gamelles en métal ressemblent à des cœurs. Un tuyau d'arrosage glisse en chuintant le long du trottoir avant de disparaître à l'autre bout par une grille. Un cri. La foule, à cet endroit de chic et de perles, se disloque autour d'une bouche d'égout. Un homme en jaillit. Luisant, caoutchouté jusqu'à la tête, il tient un chat par le dos. Ceux de la fontaine ne lèvent pas le nez. Ils saucent leurs gamelles avec du papier journal. Ils sont une quinzaine. Leur repas fini, ils quittent le boulevard pour le parc. Je les suis. Un étang, une roseraie. Un feu vivant de moustiques enveloppe les bosquets. Les passants se défendent à coups d'éventail. Plus bas, des enfants assommés par la chaleur se laissent dévorer sans réagir. Les moustiques auréolent les poussettes et les poubelles. Un promeneur s'arrête, perdu dans ses pensées. Le soir se pose sur sa tête. Il s'accroupit pour boire, ouvrant une bouche aux grosses dents carrées. Plus loin, l'atmosphère devient hostile. Des vieillards veillent sous de grands acacias. On perçoit une résistance, le sentiment de perturber la loi Lilliput de ce paradis pour ancêtres vivotant au milieu des gratte-ciel. Partout, les vieux se pressent. Ils se massent vers les kiosques, ils marchent en colonne comme des élèves. Ils gloussent. On les regarde et ils se changent en statues de sel. Leurs yeux délavés, puis, si on insiste, mauvais comme la peste renforcent l'impression de visiter l'antichambre de je ne sais quel trou du cul du monde, très loin de la mégapole qui pointe au-dessus des arbres.

Je remonte une allée de palmiers secs. Un cagibi pour voiturettes d'entretien baigne dans une odeur d'urine que la chaleur prive de ses pointes d'ammoniaque et transforme en parfum. Une senteur de colza. Une femme traverse la lumière à cet instant, déchirant cette nuit du grand âge. Elle marche à longues enjambées. Elle tient plusieurs dobermans en laisse. On dirait la mort menant son attelage. Elle lance ses jambes, ses pieds de cuir souple. Celui qui la regarde passer, jusqu'alors anesthésié, s'enflamme. Il veut son collier et une place dans la meute. La femme s'éloigne dans un cliquetis de griffes. Elle ne voit personne. Il ne fait pas encore assez noir.

Crécelle. Une grand-mère chante, entourée d'hommes jeunes. Ils ont un linge sur l'épaule. Ils frappent des troncs de leurs mains nues. Ce rythme sourd est rabattu par le feuillage. Il grouille de cigales ou de singes. Un cheval traverse une pelouse. Il piétine les fleurs. Il est mené par un adolescent marchant à reculons. On croise d'autres individus qui vont à l'envers dans le parc. Les Chinois équilibrent ainsi leur âme distendue vers l'avant par la course de chaque jour.

VII

Sortir, fuir ce quartier d'hôtels, de résidences sécurisées, d'ongleries, de salons de massage, de salles de fitness, d'agences immobilières. Porte Nord du parc Zhongshan. Un rameau d'acacia gît au milieu du chemin. Ce morceau de bois est comme la langue chinoise. Sa couleur, son parfum, ses premiers frémissements de bourgeon, ses fruits, ses fleurs, et jusqu'aux bourrasques qui l'ont arraché à son arbre, jusqu'aux pluies qui le font aujourd'hui pourrir sur le sol, appelleraient une description sans fin. Mais ce trésor de nuances est raboté par l'usage. Comme le chinois classique s'est appauvri dans la langue du peuple, la branche, hier florissante, est piétinée par les passants. Au lieu de siffler dans le vent, elle n'émet plus que quatre tons sous la semelle : un ton descendant, un ton descendant-montant, un ton montant, un ton plat. Quand une chaussure l'écrase, un large talon d'homme, le craquement est impératif et plongeant. La pression molle d'un pneu de vélo en tire une plainte offusquée mêlée de surprise. L'attaque nerveuse d'un escarpin fait jaillir une série de bruits qui grimpent le long de la jambe. Enfin, une ixième procession de vieillards réduit en poussière ce reste d'écorce dans un frottement de pantoufles.

Quitter la protection du feuillage pour la rue où rien n'est abrité. Les Chinois sont impudiques. Ils se montrent. S'il leur arrive de s'effacer, c'est encore une manière de s'affirmer. Quand une femme baisse les yeux, elle ne se soumet pas ; elle juge de la qualité des chaussures de celui qui lui parle. Quand un employé s'incline devant son patron, il n'est pas servile ; il se penche pour mieux flairer ses intentions.

Les Chinois ne veulent qu'une chose : être compris. Ils posent inlassablement les mêmes questions. Ils répètent à voix haute ce qu'on leur répond. Les Chinois s'émerveillent devant la réalité, une réalité vue à travers un œil de mouche dont chaque facette contient la même image miniature, légèrement déformée. Il n'y a pas de vision d'ensemble. Il y a en chaque homme, à chaque instant, le kaléidoscope des choses à sa portée. Grappe d'œufs de poisson, tant de vies simultanées tiennent dans la journée d'un Chinois ! Une force, un rythme, une respiration élémentaire traversent cet embrouillamini de relations et de comportements. Ainsi va la vie d'un Chinois. Pleine de petites et de grandes tragédies, elle embrase les êtres en marche vers leur mort.

Le Chinois est pragmatique. Les matelas noués de cordes de joncs, entassés à l'arrière des voitures, accrochés à l'avant des mobylettes, sont plus utiles que ceux sur lesquels on dort. On peut dormir à même le sol. On ne survit pas aux accidents de la route sans un rembourrage approprié.

Le chien albinos du parking déboule sur l'avenue. Aucune voiture ne freine. Les chiens nous font une confiance aveugle. Ils ont raison. Je me demande pourquoi les Chinois les mangent. Peut-être est-ce par goût pour l'obéissance ?

VIII

Les employés quittent leurs bureaux. Les ouvriers attendent la relève à l'entrée des chantiers. Ils grimpent par groupes de quinze à l'arrière des camions. S'il manque un travailleur pour faire le compte, le véhicule ne part pas. Les nombres sont partout dans la vie des Chinois. Le chiffre 1, yī, symbolise la fidélité amoureuse, le 5, wū, les sanglots. Leur combinaison symbolise le travail. « Je supporterai la charge qui m'écrase », disent ces hommes dans le petit matin. La fierté se lit sur leurs visages. Ils ont quitté leurs campagnes. Ils accomplissent de grandes choses, suspendus à leurs échafaudages en bambou, soudant des poutrelles sans lunettes de protection. S'ils tombent, personne ne les regrettera. Leurs familles ne seront pas informées. Les ouvriers disparaissent, réapparaissent parfois, on les déplace. Ils sont seuls. Ils sont innombrables. Une anxiété se lit dans leurs yeux tendus vers un but qu'ils pensent pouvoir atteindre. Le pays leur appartient. Ce travail qui ne remboursera jamais leurs dettes annule la misère qu'ils ont quittée. Ce travail qu'ils perdront et qu'ils retrouveront, plus pénible et dangereux encore, ce travail est une peau de serpent qu'ils arrachent chaque jour et qui repousse chaque nuit. Ce travail leur appartient. Quant à leurs forces, ils les vendent au plus offrant. Ils n'ont pas de méthode. Ils s'accrochent aux autres qui se battent comme eux pour le même salaire, le long d'interminables journées, le long des grandes routes. Ils sont armés de leurs poings. Ils ne lâchent rien. Derrière eux, il en vient des millions, encore plus décidés.

Douze heures ont passé. Les employés et les ouvriers se laissent tomber dans une bouche de métro à l'angle du parc Zhongshan. Ils se reflètent dans les vitrines d'un supermarché japonais en faillite avant d'avoir ouvert. Ils comptent l'argent gagné. Ils me regardent. La terrasse du Starbucks surplombe la rue. Ils lèvent le menton. Ils sont chez eux. Ils serrent les mâchoires. Jamais ils ne pourront lutter avec quelqu'un qui vient d'aussi loin.

*

Je voudrais raconter la ville telle que la vivent ceux qui la bâtissent. Aboutir à quelque chose qui ressemble à l'idée du travail bien fait, une espèce de point fixe. Un emblème dont on pourrait dire qu'il est beau et surtout qu'il permet à d'autres de vivre mieux, comme un pont, par exemple, qui symbolise différentes qualités poussant les individus à se surpasser sans trop savoir pourquoi, peut-être par fierté ou simplement parce qu'ils ne sont jamais plus heureux que lorsqu'ils adoptent les réflexes du singe qui défie la pesanteur en se balançant de liane en liane.

L'avenue s'est vidée. Il y flotte l'aura de milliers d'hommes. L'empreinte du travail. Une certitude obstinée. Une chaleur corporelle unifiant le paysage.

IX

Me voici en Chine depuis un certain temps. Je me suis fait à mon lieu. Je me trouve dans cet état d'esprit particulier où je regarde les choses avec d'autant plus d'attention que je ne suis plus stupéfié comme aux premiers jours, et je me laisse porter par l'émerveillement. Bientôt, cet état de grâce prendra fin. Nous sommes début septembre. Un ciel invariablement gris retient la lumière qui se réduit au bord effiloché d'un voile brumeux. Il arrive que ce voile se déchire. Il révèle alors une nouvelle nappe mouvante, couleur de nos cieux de novembre, mais pleine de feu. Toute cette ville est chaleur qui s'étale en réseaux sur terre et sous la terre. Les bouches de métro sont des fours. J'ai essayé d'y descendre, mais mes jambes, pourtant plus solides qu'elles ne l'ont jamais été, sont encore trop faibles pour attaquer les immenses escaliers. Je me suis inscrit dans une salle de sport, afin d'entretenir la musculature que je me suis faite ces derniers mois.

Je suis traversé par des sentiments contraires. La mégapole m'enthousiasme, elle dépasse ce que je pouvais imaginer. Mais malgré ma joie, je ne parviens pas à chasser un engourdissement, presque une tristesse. Cette lourdeur vient peut-être de la nouveauté de la ville, de sa pulsation, de sa puissance. Elles produisent une émotion en décalage avec ce que je vois. Je me sens ailleurs.

J'ai plus de quarante ans. Je n'ai jamais voyagé. Je pensais que je finirais ma vie comme je l'avais menée, réglée par des rituels permettant d'atténuer les effets de ma maladie. J'ai aussi pensé que je ne pourrais être que déçu du monde que j'allais découvrir après l'avoir autant imaginé depuis le fond d'un lit ou d'un fauteuil. Je me rends à l'évidence. Ma tristesse a d'autres causes, car les joies fulgurantes que la ville me procure ne sont en rien amoindries quand elles me soulèvent. Mais alors que je suis transporté, je baisse les yeux, je vois le sol sous mes pieds et le froid m'envahit. L'image qui me vient est celle d'un vieux couple. Il pourrait s'agir de mon oncle et de ma tante. Me voici donc à traverser une rue, la poitrine gonflée par l'euphorie ; les bruits et les odeurs de Shanghai disparaissent pour faire place à un lieu aux tons neutres, aux dimensions indéterminées, qui pourrait se situer dans une maison ancienne, mais tout autant dans un jardin, ou une forêt, ou un autre endroit silencieux, baigné par une lumière douce et dépourvu d'éléments décoratifs. Le vieux couple se tient là. L'homme et la femme sont assis côte à côte, ou bien debout, main dans la main. Leurs vêtements, leurs voix, leurs visages se ressemblent. Ils pourraient être frère et sœur. Je sais qu'il n'en est rien. Ces deux-là ont passé une longue vie ensemble et ils ont fini par ne former plus qu'un. Puis quelque chose se modifie. Parfois il ne s'agit que d'une altération progressive, parfois le changement est brutal. Dans les deux cas, l'un des vieux quitte la scène. Je comprends qu'il est mort. Le survivant se tient dans la même position, immobile, la tête inclinée du côté où se trouvait le corps disparu. Je l'observe. L'instant d'après, je suis dans son esprit. Le survivant continue de voir le monde à travers les yeux de celui qui n'est plus. Son regard est traversé par une douce folie. Voilà sans doute d'où me vient la tristesse que j'éprouve devant Shanghai. Je la vois comme à travers le regard d'un mort. Mais j'ignore d'où est sorti ce vieux couple, de quelle profondeur de mon imagination ou de ma mémoire. J'ignore aussi ce qu'il veut me dire. Il se peut, au bout du compte, que je rêve d'une parfaite osmose pour équilibrer l'univers délirant, opaque, incompréhensible de Shanghai. Mais alors, pourquoi une telle tristesse ?

X

Au début de l'été 1515, une esquisse représentant un rhinocéros voyage de Lisbonne à Nuremberg. L'animal n'avait plus été vu en Europe depuis l'époque romaine. Tout le monde connaît la gravure d'Albrecht Dürer s'inspirant avec génie de ce dessin oublié. La légende veut que la gravure devenue célèbre et tenue pour réaliste jusqu'au XVIIIe siècle ait été exécutée par quelqu'un qui n'avait jamais vu de rhinocéros. Comme son modèle, la légende a la peau dure. Dürer n'était pas extralucide. Le croquis maladroit dont il s'est inspiré saisissait déjà d'un trait l'anatomie de la bête. Le maître de Nuremberg a fait ce que font tous les artistes : il a caché ses sources, fait passer un travail de copiste pour une pure vision.

Il est difficile de décrire une chose que l'on n'a jamais vue ; on se fie à l'intuition. En général, le résultat laisse à désirer. L'exercice devient impossible quand cette chose, nouvelle pour soi, n'est connue de personne. On court alors le risque de devenir aussi incompréhensible que l'objet dont on parle. C'est pourquoi la méthode la plus sûre consiste à comparer la réalité qu'on découvre avec celle qu'on connaît et que les autres peuvent comprendre. Ce procédé vaut autant pour les récits d'explorateurs que pour les confessions, étant entendu que ces deux types d'aventure, l'une tournée vers l'extérieur, l'autre vers l'intérieur, sont hasardeuses et demandent un même effort de traduction.

Commençons par une mise au point. L'inconnu n'existe pas. Tout au plus se confond-il avec le sentiment d'être déraciné qui a des causes moins nobles que celles qu'on s'invente, comme la fatigue, l'appréhension ou l'inattention. De même que les plus lointains voyages n'aboutissent jamais aux terres vierges de légende, ou que les plus profondes introspections sont incapables de dévoiler une personnalité parfaitement originale, l'écriture, qui rêve d'être confrontée à une réalité si nouvelle que les mots viendraient à manquer, redéfinit sans cesse le rhinocéros de Dürer, parle de choses qui ont toujours existé en trouvant les accents d'un émerveillement naïf. Une rivalité s'installe alors entre ce qu'on voit et ce qu'on prétend voir, ou, de manière plus sournoise, plus intime et radicale, entre ce qu'on voit avec les yeux du corps et ce que regarde l'esprit.

Je vois l'effondrement des notions de beauté, de laideur, de bien, de mal. Elles n'existent plus. Elles sont remplacées par des mesures relatives et par des proportions qui font oublier l'intervention de l'homme dans les œuvres qu'il crée. À Shanghai, cette règle s'applique avec une fluidité qui donne une apparence de naturel aux bâtiments. Une telle aisance des volumes et des masses ne se voit généralement qu'en rêve, où les montagnes se balancent au gré du vent. L'impression ne dure pas. Il fait très chaud. La ville se racornit à la grosseur du poing. Je suis assis. J'attends. L'arrêt de bus est bondé. Le soleil, perdu dans la grisaille, fait des ombres filandreuses. Les hommes sont à moitié nus. Les femmes se protègent le visage avec un mouchoir. Elles portent des blouses blanches à manches courtes et des pantalons noirs et amples. Il n'y avait pas de lampe sur la table de nuit de mon oncle malade. Il y avait un napperon à damiers noirs et blancs et un vase en porcelaine très pâle, presque transparente. Je revois son corps nu sous les draps trempés de sueur, ses grandes mains velues crispées au bord du matelas. Je me demande quelle est la vie amoureuse des femmes de Shanghai. Si elles restent couchées sagement sur le dos. La luminosité baisse encore à cause de la pollution et la chaleur augmente. Le bus ne viendra pas. Il a été retenu par une manifestation de cyclistes en colère qui défilent sans discontinuer sur l'avenue. Ils actionnent leurs sonnettes. Ils demandent davantage de pistes cyclables. Un policier, installé sur le toit d'une camionnette, filme le cortège, lève sa caméra, filme l'arrêt de bus. Les gens baissent la tête. Je fais comme eux.

Shanghai est le mensonge produit par la rencontre de deux forces égales et opposées. Quand on s'élance au-devant de la mégapole chinoise, il ne s'agit pas seulement d'un nouvel obstacle à surmonter, d'un mystère plus grand et plus parfait, comme le serait un Sphinx soudain dressé au bout de la piste d'atterrissage, qu'il suffirait d'amadouer par quelque belle phrase ; il s'agit d'abord d'un plaisir qui s'abat sur soi avec brutalité, comme parfois à l'opéra, quand le chant continu d'une voix, d'un corps harnaché de pendeloques, fait trembler le public, comme peut-être en éprouve le chasseur quand une bête sauvage jaillit de l'herbe haute devant lui.

Le plan d'une ville est une coupe du cerveau de l'humanité. Les lieux qu'il montre, les places et les boulevards, ces espaces de réalité tangible sont aussi ceux où se produisent les choses qu'on ne voit pas, les baisers qui s'échangent sur les quais, les rats crevés dans la ruelle et le flot tumultueux des pensées sous le masque des visages. Cette pulsation de la matière se perçoit partout à

Shanghai. La ville est traversée par un remous sensuel et magnétique. Le désir qu'on pouvait éprouver devant un corps nu se porte soudain, complètement déboussolé, sur les éléments du paysage, sur l'angle d'un mur, la couleur d'un taxi, ou sur des scènes de rue banales comme une cannette de limonade qu'un coup de balai fait tomber du trottoir. Cette dérive de l'émotion creuse un vide en moi. Je ne cherche pas à le combler. Je laisse courir mes yeux, je les laisse jouir au loin.

Une paix s'installe. La ville croit que je l'admire. Je joue avec elle, là-bas, au bout de mon regard perdu dans le vague. Pendant ce temps, quelque chose se produit au premier plan. Quelque chose se produit dans l'écriture. Une voix sous-jacente apparaît entre les lignes. Elle est aussi flottante que la ville alentour, aussi vibrante d'amour ; elle naît, elle vit, elle meurt, et demeure vivante, et trouve progressivement la force de sortir du néant. Plus je décris Shanghai, avec mille précautions et scrupules pour ne rien oublier, plus cette vie intérieure augmente et submerge les beautés du dehors.

La Chine. Shanghai. Rien n'est à la mesure de l'individu. On perçoit un mouvement circulaire. On se laisse emporter. Cet infiniment grand passe de l'ombre à la lumière. La nuit tombe, on est sous terre. Le jour se lève, on est au ciel. Mais jamais on ne touche le sol. Les rues sont des tunnels aux murs gravés de signes cabalistiques. Murs noirs d'une caverne ? Murs blancs d'un asile de fous ?

Les comparaisons sont inutiles. La Chine s'ouvre. Elle se fend littéralement en deux. La réalité m'engloutit tandis que les gens passent et disent des mots étranges avec des visages étranges, sur lesquels je lis de la bienveillance quand ils crient, de l'hostilité quand ils rient. Et dans un coin, perché dans un arbre ou sur un muret, le vieux couple recommence à jouer sa scène.

Combien de fois mourir de son vivant, quelle place faire à la mort en soi pour écrire ? Quelque chose se termine. Voilà ce qu'il m'est possible de dire sans trahir ma méditation devant la ville ni le sentiment diffus d'une autre réalité tout aussi présente à cet instant que je ne peux qualifier qu'en termes d'oubli et d'enfouissement. Quelque chose se termine. Cette chose, je veux essayer de la raconter, sachant que Shanghai n'aura de cesse de me harceler parce qu'elle est belle et capricieuse, et que la réalité chinoise voudra me faire taire en me faisant écrire un texte qui la concernera, elle, exclusivement. Elle, et ses étés morcelés par la chaleur, brouillés de gyrophares, et ses crissements de pneus, et son odeur de gomme cramée, et sa foule corvéable, un ensemble qui bouge et qui transpire devant les cinémas, un ensemble à peine vêtu à la terrasse des cafés, dans les vitrines, prêt à être consommé, corps et marchandises, elle, la Chine dans l'œil des hommes, dans le miroir des femmes, elle et son soleil aveugle, et son peuple aveugle, et ses lois aveugles, vingt-quatre heures sur vingt-quatre, trois cent soixante-cinq jours par an, dans la brûlure des lampes, des chutes, des coups et des insultes, Shanghai en petite robe courte, aux longues jambes nues, aux mains gantées fumant une cigarette à l'angle de la rue. Elle, la ville, et ses accidentés à genoux, assis, hébétés dans le caniveau, la bouche ouverte, le souffle coupé, la gorge tranchée, prostituée, allongée, avachie, offerte, écartelée, pudique, modeste, soumise, digne et morte au bout du compte, engloutie dans le noir étincelant de son trop-plein de vanité. Elle voudrait que je ne voie qu'elle. Je parie malgré tout sur le fait qu'il me sera possible de lui faire faux bond ; qu'il existe une histoire parallèle à la ville. Elle débute là où m'apparaît mon impuissance à trouver les mots justes devant Shanghai, non parce que j'en suis incapable, mais parce que je scinde mes forces pour explorer deux mondes à la fois. Pourtant, je sais aussi que tout ce qu'il me sera donné d'écrire passera par cette odeur de brûlé, par ce bruit de collision, sera toujours, aussi, d'abord, l'histoire des victimes qui se comptent ici par milliers et millions. Quelque chose se termine et renaît de ses cendres. Cette chose se tient comme le diable à la croisée des chemins, quelque part entre Shanghai et un lointain souvenir d'enfance.

*

Je repense au rhinocéros de Dürer. L'œuvre d'art a trouvé une forme d'éternité. Elle connaît, en quelque sorte, le destin de toutes les villes. Elle accueille tout le monde. Elle n'appartient plus à personne. Non. Je veux savoir ce qu'il est advenu de la bestiole capturée en Inde par un roi et expédiée en Europe pour le plaisir d'un autre roi. Après avoir affronté et mis en fuite un éléphant dans l'arène à Lisbonne, elle a été convoyée vers Toulon où François Ier, auréolé de la victoire de Marignan, voulait toucher sa corne. Puis elle s'est noyée, enchaînée à fond de cale, quand le bateau qui l'emmenait à Rome a coulé dans la tempête au large de la Ligurie. Je pense à ce navire, à ce stupide animal s'emplissant d'eau salée. À ses cris désespérés. Il dérive sous la mer avec les choses qui n'existent plus, qui n'ont peut-être jamais existé, il grossit le flot des histoires en perdition, en perpétuelle convection autour de la terre et à l'intérieur de notre corps, eau cellulaire, chair de notre chair. Je pense à mon oncle, à son voyage sans retour.

XI

Il existe un lieu qui détruit les histoires. Ce n'est pas qu'il soit opposé ou seulement indifférent à la parole. Il la produit, au contraire, et la détruit dans un même mouvement. Ce lieu n'existe que d'être traversé.

Je suis né sans espoir de guérison. J'ai passé mon enfance dans un lit. Les champs venaient buter contre le mur de notre maison, en bordure du village. J'ai su parler à l'âge où les enfants font leurs premiers pas. Mes mots ont été mes bras et mes jambes. Ce que je ne pouvais pas accomplir moi-même, me saisir des objets, me déplacer, j'en chargeais les autres par le langage. Mais il y avait une chose à ma portée que je refusais de faire. Lire. Car la voix de ma mère à mon chevet dépassait en mélodie les pauvres inflexions que j'aurais pu donner à mes propres lectures. J'ai grandi dans cette voix qui me lisait les livres que j'aimais.

Couvert de fractures, j'avais toujours mal. Ma mère me lisait l'Ancien Testament pour distraire ma douleur. Des histoires magnifiques de sacrifices et de batailles. Je sortais ainsi d'Égypte plusieurs fois par semaine, je traversais la mer Rouge, je voyais Pharaon englouti par les flots, la Tour de Babel s'effondrer, Goliath mordre la poussière, Abraham lever son poignard, Dieu sur la montagne sculpter les tables de la loi. Ces histoires ne m'auraient pas produit un tel effet si je les avais lues moi-même. Je portais alors un casque muni d'une jugulaire qui bloquait mon menton. Cette cuirasse protégeait mon crâne que je m'étais fracturé à plusieurs reprises en heurtant ma tête aux barreaux du lit durant mon sommeil. Je parlais donc avec les dents serrées comme un boxeur groggy qui répond à l'arbitre après avoir pris un coup. J'avais aussi cette manière des boxeurs de se balancer d'avant en arrière pour ajuster leur corps au rythme du combat. Cette manie et mon casque m'ont valu le surnom de rhinocéros.

Il n'y aurait eu rien d'extraordinaire si je m'étais limité à vivre intensément les histoires qu'on me lisait, si je les avais prolongées dans mes rêves ou dans mes jeux comme le font tous les enfants, et si j'avais écrit, une fois adulte, sur la lancée des livres qui m'ont enchanté. Jules Verne, La Fontaine,

Balzac, plus tard Lautréamont, Baudelaire, plus tard encore Rilke, Dupin, Faulkner, Steinbeck, Onetti. Je serais probablement devenu reporter, au mieux professeur, au pire politicien, me conformant à la règle qui veut que le monde soit une affaire sérieuse, qui ne demande rien d'autre que d'être célébré par de vieux gosses désabusés, inspirés par accident, qui placent les conventions et les honneurs au-dessus de la passion destructrice d'écrire.

Ces textes ne m'ont pas seulement ouvert l'esprit. Ils sont aussi devenus mon corps. Comment la littérature, toute de nuances et de faux-fuyants, qui ne nous aide pas à comprendre la vie, mais à en faire notre demeure, qui nous désoriente avec bonheur, multipliant les chemins des écoliers et les occasions de faire l'école buissonnière sur la ligne droite qui mène du berceau à la tombe, aurait-elle le pouvoir de commander la matière? Je l'ignore. J'en ai fait l'expérience. Je m'en émerveille chaque jour. Mes blessures se sont raréfiées au cours des années tandis que ma mère poursuivait ses lectures. Encore trop fragile pour affronter le monde, je restais allongé, libéré de mes plâtres, jouissant de la légèreté de mes draps, du moelleux de mes coussins et de mon édredon. Un après-midi, je m'en souviens très bien, nous venions de terminer *Le Grand Meaulnes*, je me suis redressé. J'ai senti mes jambes prêtes à me porter. Je me suis assis au bord du lit. Je me suis levé. J'étais Augustin Meaulnes, grand et mystérieux au seuil de la vie.

Je ne saurais expliquer ce prodige. Les longs rideaux verts traînant sur le sol laissèrent entrer le jour le plus pur. Tout se passait comme si j'avais été une masse inerte dépourvue de charpente, une sorte de ciment liquide dans lequel les phrases se plantaient comme des tiges d'acier. Peu à peu, ces barres compactes de lettres ont remplacé mon maigre squelette.

Me voici à Shanghai. Bruits de la circulation. Bousculades. Une valse lente s'engage entre ce géant et moi. Je suis emporté par la masse incohérente de ce qui se produit dans cette ville et par le poids de mon propre corps structuré par les phrases. Tout se passe comme si je trouvais un double dans chacun des immeubles qui m'entourent, comme si nous étions coulés dans le même moule, comme si nous étions des édifices emplis de voix humaines, un grand vide dans une enveloppe de béton armé.

Il existe peut-être un lieu qui détruit les histoires. Il existe surtout des histoires qui choisissent d'investir les lieux les plus improbables.

XII

L'écriture, traduction du silence intérieur ; la ville, affirmation bruyante du monde. Deux inconciliables.

À quel moment pourrai-je dire « je suis arrivé » ? La destination est-elle le pays qui m'accueille, la ville, l'immeuble, le lit ? Je cherche la zone intime que le corps délimite par le simple fait de sa présence, qui serait constituée par l'air que l'on expire et qui irait s'élargissant, jour après jour, agrandissant notre sentiment d'appartenance, de légitimité. Je ne la trouve pas. Je découvrirai que l'intimité est une notion inconnue en Chine. Il arrive souvent que la femme de chambre de l'hôtel fasse la sieste dans le lit d'un client, ou qu'elle utilise son réfrigérateur ou sa cuisinière en son absence.

L'aube fait place au jour. Une variation de gris. En bas, la tache claire de la ville imite le soleil.

Tout autour, vers la lointaine campagne, l'étendue va s'obscurcissant jusqu'au noir. Il n'y a pas d'horizon. Ma chambre, perchée au bord du quadrant sud-ouest de la mégapole, donne sur une barre d'immeubles moins élevés. À droite, une station de métro. Les rames emportent leur cargaison humaine qui recouvre les quais comme de la poussière de charbon. Sortir. Prendre pied dans cette ville livrée à la vitesse et à l'encombrement. Je respire. J'ouvre une fenêtre. Un tourbillon s'engouffre. Il fait quarante degrés. La moiteur sonore ajoute à l'impression de vivre un rêve éveillé. Je suis incapable de dire si j'assiste à un spectacle ou si je suis ce tumulte géant.

Le vent court entre les gratte-ciel. Par terre, il déplace les chaises en plastique des gardiens du parking. Elles glissent au rythme irrégulier des bourrasques à travers une pénombre balisée de lignes jaunes jusqu'au raidillon qui les emporte vers l'étage inférieur. Des femmes installées contre un muret vendent des téléphones portables. Une rangée de vélos, elle aussi chahutée par le vent, bouge avec fracas. La ville bondit, se plie à l'angle de tout ce qui fait angle. Je retourne à ma terrasse. Écrire. M'en tenir aux faits. Ne rien inventer, ne rien supposer. La terrasse est bondée. Je vais au parc. Comment circonscrire une ville dont le rayon excède ce que l'esprit peut concevoir ?

Shanghai. Le bruit est assourdissant. Les gens crient pour se dire bonjour. L'étendue, plantée de fanions et de cerfs-volants, ressemble à la chevelure d'une charmeuse de serpents. Je sors un livre. Un vieux, assis sur le même banc, crache par terre. Un corbeau vient boire son crachat. Shanghai. Personne ne parle. Exister suffit.

Shanghai est la ville en soi. Une déflagration. Mes pensées me semblent aussi étrangères que le monde extérieur. J'écris. Mes phrases prennent une tournure dont je suis exclu. Un peu partout, là où je ne suis pas, ou pas encore, là où je me tiens silencieux et où la ville gronde, quelque chose me remplace avec justesse.

Voyager à travers le langage comme à travers le paysage. Être, à parts égales, le monde et les mots. Shanghai est le texte que je porte, autant que l'espoir de pouvoir l'écrire.

*

Je quitte ma chambre. Une fille sort de la chambre voisine. Elle est vêtue d'une chemise d'homme, d'un short, de pantoufles. L'une de ses cuisses est tatouée. Elle passe sans se presser, du linge sur les bras. J'attends qu'elle disparaisse dans l'escalier de service qui mène aux machines à laver. En face des ascenseurs, la concierge pose une moquette neuve à l'entrée de sa loge. Son fils joue par terre avec un pot de colle. Les ascenseurs s'ouvrent tous les six en même temps. Je prends le plus éloigné du couloir où la femme vient de gifler son enfant. Ses pleurs me suivent jusqu'au rez-de-chaussée. Dehors, un néon défectueux grésille au-dessus du gardien qui fume en compagnie de la fille tatouée. Comment est-elle arrivée aussi vite jusqu'ici ? J'allume une cigarette. L'air frais du parking fait du bien. À deux pas, la fille engueule le gardien et s'en va. L'homme, désormais seul, marche de long en large, suivi par le drapé fantomatique de sa fumée.

La rue est une bataille. Les gens sont sortis de leurs voitures. Leurs portières bloquent les vélos et les piétons qui essaient de se faufiler. Tout le monde hurle. Tout le monde porte une chemise blanche. Tout le monde fume. Les carrosseries se touchent. Les chromes brillent. Les klaxons carillonnent entre les immeubles. La ville est un couteau en équilibre sur sa pointe.

Là-bas, au bout de l'avenue, la fenêtre de ma chambre est allumée. Je reconnais la tache rouge de mon écharpe sur la lampe de mon bureau. Les choses continuent d'exister quand nous ne sommes pas là. Il suffit de les disposer avec soin pour que les autres les trouvent belles et s'en servent en notre absence. Écrire. Que sont les livres sinon la chambre vacante d'un écrivain parti en voyage dans ses histoires ?

Les Chinois parlent en marchant. Les phrases que j'attrape à la volée sonnent comme mêlées de français, d'allemand, d'espagnol, d'anglais, d'italien. Je m'arrête pour écouter. J'arrive presque à comprendre. Je suis là, hochant la tête, souriant aux passants. Pourquoi le chinois ne serait-il pas la langue universelle, la langue des commencements dont il nous resterait quelque chose ? Une voiture klaxonne. Je sursaute. J'ai pitié de moi. La rue bourdonne. Tourne, tourne. Des surfaces percées d'orifices qui ne sont ni des yeux ni des bouches expulsent une vibrante noirceur. Quel nom donner à ça ? Chose presque vivante ? Ce magma sensible ressemble à l'idée que je me fais d'un texte parfait.

À cette heure, les phares des mobylettes dessinent un ruban sinueux jusqu'à l'ancienne concession française couverte de platanes. Une vieille femme accompagnée d'un nain essaie des bas sur un banc. Elle tend ses jambes pleines de varices à la manière d'une danseuse, très haut, vers l'avant. Une charrette chargée de saucisses se range à côté d'elle. Ce sont des saucisses crues qu'on mange avec des herbes. La Chine dépose à mes pieds ses meilleurs morceaux sanglants.

J'écris cette phrase sur un paquet de cigarettes :
« Ne pas se laisser séduire par Shanghai ! » Puis je
dessine une petite femme accroupie. Je lui fais la
coiffure hirsute de la vieille qui enfile ses bas. Elle
est désormais derrière une poubelle. Ses yeux
vides, sa bouche ouverte sur le cri strident qu'elle
émet au moment de déféquer imitent la grimace
des Hualian de l'opéra chinois, les personnages
aux visages peints, grotesques et violents. Je n'ai
rien à ajouter. Je range mon stylo. J'écrase mon
paquet de cigarettes. Shanghai remporte cette
manche.

*

Un camion a embouti une vitrine. Fuzhou
Road et Jiangxi Middle Road croisent le fer, formant un demi-cercle de tôles et de légumes écra-
bouillés. Je quitte la rue pour une cour à l'ombre.
Il y a une table dressée, mais aucune chaise. J'entre
dans l'immeuble. La salle en sous-sol reçoit une
lumière grillagée par plusieurs soupiraux côté
rue. Les tables sont basses, disposées quatre par
quatre, parfaitement alignées dans cet espace de
catelles bleues. Je m'assieds loin de l'entrée. Je
suis le seul étranger. Les serveuses passent. Leurs
visages poudrés se crispent à chaque pas. Le per-
sonnel est spectral. Il apparaît et disparaît. De
rares clients boivent la soupe, un éventail à la
main. Les odeurs sont fortes, les images floues.

*

À mon retour, on me demandera peut-être si c'est là toute ma Chine. Quelques scènes de rue, des petits riens du vécu ordinaire. Je n'ai pas quitté ma vie. Je reviendrai, sans plus, comme je suis parti. Au fil de l'écriture. Comme le laboureur se retourne au bout de son sillon. Voyager est encore une manière de cultiver son jardin.

Je ne sais pas voyager ! Cette idée me tombe dessus comme je finis ma soupe. J'ai taché ma chemise. Je ne sais pas voyager. Je n'ai jamais appris. Par où commencer ? Je commence donc ici, maintenant. Je paie. Je me retrouve sur le trottoir. Il pleut. Un cheveu se pose sur mon bras. Un long cheveu noir, d'un noir vivant sous cette pluie nocturne. Quelque chose se produit. Une vie plus belle me traverse. Cette beauté fugace est acquise. Elle compte au nombre des promesses tenues. La vérité est que le monde s'offre à ceux qui n'en attendent rien. Il se livre avec simplicité, juste là, au bord du trottoir, sans le support de la lune ou des violons, sans le support de la littérature, au fond d'une ruelle, et c'est alors tout le banal qui fleurit sur un morceau d'asphalte.

Je rentre à l'hôtel. Les demeures de la concession sont aujourd'hui habitées par des familles modestes. Les façades sont délabrées, mais les jardins sont restés tels qu'on les voit sur les vieilles photographies. Des vélos d'enfants ont remplacé les limousines sur les allées. Du boucan s'échappe des fenêtres. Ces voix éraillées et tranchantes portent loin dans la nuit. La plupart des gens du quartier ne savent pas qui a construit les maisons qu'ils occupent. L'État leur en a donné les clés. Quant aux Français ? Ils répondent « ce sont des fainéants. Tous les étrangers sont des fainéants. Sauf, peut-être, les Allemands et les Suisses. Ils savent travailler ».

Quelle est la voix du monde ? Celle qu'on trouve dans les livres ou la parole de la rue ? La rue dit la vérité. Elle parle comme un enfant de douze ans.

XIII

Ce soir, nouvelle promenade au parc. Les travaux sur la ligne 2 du métro sont achevés. Les rames fonctionnent à plein. Des hommes et des femmes, étendus dans l'herbe. Sous eux, la terre grouille de millions de voyageurs, qui traversent seize districts sur 6 300 km². Ils se croisent à plus de 100 km/h, à travers un réseau tentaculaire. Sur les quais, les gens déambulent paisiblement. L'air est frais. Personne ne court. Le sol est propre. Une lente bousculade se déclenche à chaque embarquement. Les passagers regardent ailleurs. Ils sont détendus. Ils sont en train d'écraser quelqu'un. Du matin au soir s'engage une lutte féroce à laquelle tout le monde participe sans se sentir concerné. Les vieux circulent gratuitement. Ils passent la journée à tourner en rond. Ils renseignent les voyageurs. Ils giflent les gamins qui ne cèdent pas leur place assise à coups de prospectus. Ils ramènent les enfants perdus à leurs parents.

Au-dessus, le parc est tranquille. Un groupe d'adolescents surfe sur Internet. Ils savent se connecter aux réseaux sociaux et aux sites interdits. YouTube. La vidéo dure une dizaine de minutes. On installe l'ordinateur portable dernier cri sur une pile de journaux. Nouvelle plongée dans le métro de Shanghai. Une femme d'une cinquantaine d'années se lève dans un wagon. Elle porte une robe blanche imprimée de roses rouges. Quelqu'un lance une musique avalée par le roulement. Un air de flûte. La femme est adossée à l'une des barres de maintien en inox. D'un mouvement de tête, elle fait voler ses cheveux en dégrafant sa robe. Les voyageurs font semblant de ne pas regarder. Certains se tournent vers le mur de briques qui défile à la fenêtre comme s'ils admiraient un paysage d'été. La femme se met à onduler autour de la barre en talons aiguilles, culotte et soutien-gorge à franges Ma Dalton. Elle a de beaux restes et on lui donnerait vingt ans de moins sous un autre éclairage. Sa poitrine refaite échappe aux lois de la pesanteur même quand elle se suspend par les jambes, et qu'elle se laisse glisser jusqu'au sol en écartant les bras. Maintenant les voyageurs regardent. Ceux qui sont assis vers la strip-teaseuse tapent dans leurs mains en riant, toujours aussi gênés. Quand la musique s'arrête, un petit vieux fait la quête, son lecteur CD en bandoulière. Tout le monde met une pièce dans le panier. La femme tient une pancarte qui dit : « Je cherche l'amour ». La rame s'immobilise. Il ne s'est rien passé. Les adolescents relancent la vidéo.

Les heures glissent du gris vers un gris plus sombre. Je suis là, parmi d'autres, allongé dans l'herbe. Chacun garde ses distances. Les surveillants marchent entre les groupes. Les caméras filment ce peu de chaleur humaine. Le vent emporte une feuille de journal sous un lampadaire. Je quitte le parc. Les taxis dévalent le boulevard. Un bus attend, toutes portes ouvertes. La brume s'est dissipée, mais les étoiles demeurent invisibles dans le ciel tendu de câbles. Une musicienne coiffée d'un turban manipule un vieil accordéon. Elle ne joue pas. Elle a rafistolé une déchirure avec de la toile isolante. Chaque fois qu'elle étire son instrument, le soufflet rouge est comme un feu qu'elle tiendrait dans ses bras. La lumière chinoise vient des choses. Le visage de la femme est d'une tristesse minérale. Son accordéon fendu ne fait plus de musique. Juste un peu de couleur. Cette beauté fortuite répond aux attentes des Chinois. Ils n'aiment pas qu'on les complimente. Ils font ce qu'ils ont à faire. Ils n'en tirent aucune fierté. Ils accomplissent aveuglément leur destin.

À deux pas, toutes les peurs et les saloperies du monde... Les gens sur l'avenue hurlent. Un gaillard brandit un bâton. Il porte l'uniforme des vigiles de supermarché. Sa voix asexuée tonne au-dessus de la foule. Avec sa taille et ses galons dorés, il fait penser à Dieu dans le buisson ardent. Un corps saigne à ses pieds, à moins qu'il ne s'agisse d'un clochard dormant dans une flaque d'essence. Quelqu'un gratte une allumette. Les gens rient, ils disent sans doute « allez, arrête... non... tu n'oseras pas... ». Les gens parient. L'argent passe de main en main. Le clochard s'est assis. Il a les jambes tendues. Il porte un sac de jute sur le dos avec deux trous pour les bras. Son sexe couvert de croûtes trempe aussi dans l'essence. Il regarde autour de lui sans comprendre. Les badauds allument des cigarettes, en offrent une au type. Ils rient. Je m'éloigne. Je traverse la route. Il faut faire un détour pour éviter un bus en panne au carrefour. Les voyageurs mangent des brochettes. Les adultes suivent le football sur un poste de télévision miniature en équilibre sur le pare-choc du bus. Les jeunes, ils sont cinq ou six, passent des clips sur leur Smartphone. Je me retourne. Le clochard s'est levé. Il est seul, au même endroit, les pieds dans l'essence. Il fume. Il a l'air de marcher sur l'eau.

Shanghai, l'étoile du grand nombre, brûle comme un feu de tourbe. La chaleur change la nuit en eau. L'air me coule dans les yeux.

XIV

Plonger d'une zone de supermarchés vers un dédale de ruelles estampillé « quartier modèle », puis un autre, puis un autre jusqu'au parc maintenant plus suffocant qu'en pleine journée. La verdure est une éponge. Elle absorbe la chaleur des boulevards. Je suis là, à zigzaguer sur le trottoir, progressant difficilement entre des ginkgos grillagés cadenassés de mobylettes. Des garçons agressifs, coiffés à la punk, en espadrilles. Des filles nerveuses, bien sages, soumises.

L'ouvrier en combinaison néoprène sort à nouveau de terre derrière une plate-bande. Il parle seul. Il tient une torche allumée. Il est 19 heures. Les vieillards se sont multipliés. Leurs visages serrent le cœur. On ne peut pas s'empêcher d'éprouver à la fois tendresse, gêne et dégoût devant l'homme dégradé. Un gardien qui papotait avec un groupe de vétérans handicapés gesticule en remettant sa casquette. Les autres lancent leurs triporteurs en direction de la sortie avec des coups de trompe, leurs béquilles sautillant derrière eux dans une caisse en fer. Le parc ferme. Une fois rendus à la rue, les vieux se métamorphosent. Ils s'activent autour de petites tables de billard. Ils trient des ordures avec de puissants mouvements du torse, souples et ombrageux, dans la fumée de leurs mégots. Un cheval, attaché au coin, hennit.

À 21 heures, la circulation s'arrête. Choc indescriptible de millions de voitures disparaissant toutes ensemble. Un vélo passe. Il grince longtemps à travers le silence. Shanghai ressemble à la Suisse. La vie domestiquée s'immobilise à heure fixe même si, de loin en loin, on entend un bruit d'assiettes, un enfant crier, un ivrogne vomir.

« Qui refuse sa nuit, vit en aveugle. » J'écris cette phrase dans ma main. J'ai bu. Je ne connais pas ce quartier. Je n'ai plus d'argent. Je suis perdu. Je suis heureux. Je suis chinois.

XV

Soir – saké – gueule de bois – le langage empoisonné – écrire – purger l'organisme – matin. Une aube claire médite le soleil. La lumière se fraie un passage à travers le béton. Quelqu'un gémit dans une chambre voisine. Le jour augmente avec les soupirs. Un feu dévore un autre feu. Un fourgon de police se gare sur le chantier au bas de l'hôtel. Cette portion de ville est encore dans l'ombre. Des silhouettes jaillissent d'une baraque et se mettent à courir. La plupart sont rattrapées. Le car s'en va. Une tour vitrée aux trois quarts achevée multiplie l'éclat des gyrophares, puis la tour suivante, puis la palissade en plexiglas qui longe la voie ferrée. L'écriture poursuit ce curseur affolé. Lorsque je le perds de vue, elle continue sur sa lancée, plus loin dans la noirceur et plus profondément à travers la ville, son double terrestre.

Noire. Obscure. Sale. Sombre. Triste. Brune. Pâle. Affligeante. Malheureuse. Malfaisante. Illégale. Secrète. Solitaire. Ténébreuse. Sobre. L'aube à Shanghai. Un corps nu déchirant la housse de la nuit passée.

Aube. Un couple s'étreint dans une chambre voisine. Les gémissements augmentent. Je suis transporté dans une autre chambre. Le village s'appelait La Rippe. Deux fermes, une église, un café. Une maison au pied du Jura. Un verger. Des hérissons. Un chat. Je vivais stores fermés. J'entassais mes poubelles au garage pour que personne ne voie mes déchets. J'écrivais. Je brûlais mes manuscrits. Ma maladie marquait alors sa première pause prolongée. J'avais passé mon permis de conduire. Je m'étais inscrit à l'université. Dès les premières heures, ce lieu de formatage intellectuel m'a donné la nausée. Je m'installais au fond de l'amphithéâtre pour dessiner. J'entrais et je sortais en dernier pour éviter les bousculades. Une étudiante aux pommettes slaves, assise devant, a commencé à me sourire. Elle semblait se morfondre autant que moi, mais au lieu de se cacher elle affichait son ennui. Je raconterai une autre fois les mois qui ont précédé notre première nuit d'amour. Les semaines durant lesquelles j'ai combattu ma peur de me mettre nu, d'être rejeté. Le souvenir de cette nuit est aussi brouillé que le paysage devant moi.

Les immeubles brillent sans beauté. Ils abritent des corps en sommeil, repliés sur eux-mêmes à la manière d'organes. Shanghai. On dirait un noyé qui revient à la vie. Bloc après bloc, la ville reprend des couleurs. Il fait désormais jour. Un jour délavé. À mes pieds, les travailleurs se massent autour de la gare. Ils disparaissent par segments. Les rails sont des lames qui débitent l'humanité laborieuse.

XVI

Train G43. Pékin est à quatre heures de Shanghai. J'y débarque en compagnie d'un peintre dont les tableaux sont exposés dans le district d'art M50, Moganshan Road. Je lui ai acheté un diptyque de deux mètres sur deux, une vue de chantier avec grues, bulldozers, camions, bennes, briques. Des figures manient la pelle et la pioche. Au premier plan, une pin-up bronze en slip sur sa terrasse, allongée bras et jambes écartés à même le béton, au dernier étage d'un immeuble inachevé. Tout est cru. Je voudrais me fondre dans le tableau. Il est raté. Mais cet amas de matériaux de construction, comme arraché aux entrailles de la terre, perpétue l'idée du divin.

Wangfujing Dajie. 7 h 30. Zone piétonne. Mon ami chinois me laisse seul jusqu'à midi. Ensuite, nous irons voir l'artiste qui affronte un empire.

Pékin est une ville à genoux. On est filmé en permanence. On est malvenu.

Une vieille qui m'arrive à la taille me demande de l'argent. Elle parle avec des craquements comme si elle avait la bouche pleine de sauterelles. Je lui souris pour qu'elle parte. Elle reste. Elle sent l'eau tiède et les épluchures. Elle serre mon poignet. Elle parle comme en représentation, avec des larmes et des grands gestes. Soudain, je la comprends. Ses yeux disent « fils ». Ils trouvent le fils en moi. Maintenant, elle compte la monnaie que je lui ai donnée. Les premiers touristes s'installent aux terrasses ensoleillées. Ils se protègent de la vapeur d'eau pulvérisée par une voiturette d'entretien. Leur vulgarité est aussi la mienne. La pauvreté m'écœure.

Je m'assieds en terrasse. Quand la vieille a disparu, je commande un petit déjeuner. Je suis venu à Pékin rencontrer Ai Weiwei. Pourquoi ? Parce que j'apaise ma conscience d'être durant deux mois un faire-valoir de l'État chinois.

Dans quelque temps, les médias occidentaux reprendront en boucle le calvaire de cet homme accusé d'évasion fiscale et de pornographie. Il sera torturé. Pour l'instant, l'homme vit retranché. Il est rentré de l'hôpital. Il souffre de troubles de la mémoire. Il est jovial. Il a le détachement des condamnés à mort. Des femmes rassemblent et consignent les vingt mille dons en espèces lancés par-dessus les murs de sa cour. Les billets de banque sont pliés en forme d'avion ou de bateau. Weiwei est installé au garage. Une table en chêne, des chaises en rotin, des ordinateurs, une imprimante, des perruques de câbles, de l'eau minérale et l'image monumentale d'une clôture longée par une autoroute. Il ne peint plus. Il bidouille des vidéos. Il reçoit des visites. Des étudiants en art accourent de la Chine entière. Ils sont plusieurs aujourd'hui. Ils viennent de l'Université de Fudan. Ils préparent un voyage à travers le pays. Ils disent «notre longue marche». Ils refusent de se marier, d'avoir un enfant, de se faire mettre et remettre à leur place par leurs parents, par leurs professeurs. Ils veulent être libres. Ils disent encore «en Chine, être libre, c'est choisir sa mort».

Ai Weiwei m'offre une graine de tournesol en porcelaine. Elle symbolise le peuple soumis au régime. Un grain stérile. Une lueur d'espoir. Mon ami peintre traduit une phrase sur cinq. Je perds le fil. Une dispute éclate entre lui et Weiwei. Les étudiants s'en mêlent. Le bruit est répercuté par les murs. Cette Chine se terminera comme les précédentes, par une crise aiguë. Nous mangeons désormais en silence sous les pruniers du jardin. Weiwei tire une autre graine de tournesol de sa poche. Une fourmilière s'élève dans un coin. Il dépose la graine à son sommet. Il se tourne vers nous. Il dit « corruption ». Il se met à rire. Tout le monde rit.

Les fourmis ne s'intéressent pas à la graine factice. Elles préservent l'équilibre de leur colonie. La Tate Gallery a déboursé huit millions de livres sterling pour acquérir dix tonnes de ces graines. Elles sont entreposées au sous-sol du musée. L'être humain est seul dans la nature à vouloir plus que survivre.

Chaque année, des millions de migrants affluent à Pékin. Chaque année, ils édifient une surface équivalant à la ville de 1949. L'homme ne préserve pas son milieu. Il poursuit un idéal.

XVII

675 Julu Road. Maison de l'Association des écrivains de Shanghai. Cérémonie de bienvenue. Il y a quarante écrivains. Combien en ai-je blessé aujourd'hui ?

Le soleil brille. Il est petit. Il ressemble aux atomes qu'on fait exploser contre une plaque en métal dans les laboratoires de physique. Des carpes se tortillent dans un bassin du jardin. Autant de carpes que d'écrivains alignés, muets, autour de la table de conférence à l'intérieur de la maison. L'eau écume. Elle ruisselle jusqu'au perron. Elle détrempe la molasse. Elle passe sous le mur, auréole le papier peint de la salle, verdit les plinthes. Les gens sont assis. Ils attendent. On entend des coups. Ça cogne sous nos pieds. Quelque chose court sous la maison. Les carpes font la navette entre le bassin et le fleuve Huangpu, la Seine de Shanghai, à quelques kilomètres d'ici. Elles foncent à travers des canalisations toujours plus étroites. Le furieux battement de leurs queues résonne sous le plancher. On étouffe. On tue le temps. Le bruit cesse. Un autre reprend. Des détonations. Elles proviennent des radiateurs poussés à plein malgré la fournaise. Il faut sécher les murs. Dans le hall, une cheminée flambe. Flammes noires de fumée qui n'assainissent rien, au contraire, qui accentuent la puanteur d'œuf mimosa-crevettes du banquet dressé à côté.

C'est une vaste demeure coloniale, aux fenêtres si larges et si hautes que le parc est partout. L'Association des écrivains de Shanghai est logée façon Grand Siècle avec tritons et fontaines. Tout le monde transpire. Les regards sont mous avec l'axe qui dévisse. On commence. Les discours s'enchaînent. Les applaudissements aussi. Les orateurs se succèdent. Ils suintent la peur au moment de prendre la parole. Avant de se lancer, ils s'inclinent. Une courbette à la présidente qui parle anglais par bribes de mode d'emploi et qui cache sa honte en crépitant des lèvres : « *What? What say? Thank you! Speak!* » Et volapük. Une dizaine de tables aux nappes damassées. Argenterie et cristal taillés dans la masse. Assiettes en carton. Nous sommes quatre par table, écrivains chinois, écrivains invités, tête-bêche. Un cinéaste national, vers l'écran portatif, bidouille des appareils. À la jonction du deuxième salon, bourré de victuailles, deux servantes font tapisserie.

La présidente discourt dans un chinois tout aussi mitraillette que son anglais. Son visage est moins raide, désormais hautain avec quelque chose de violemment maternel qui coule dans les bords. Plaisanteries de tambour-major, applaudissements. Nous sommes sommés, nous, les invités, de ne pas quitter Shanghai avant de nous être liés à la ville, à la vie à la mort ! La présidente pointe son index au plafond, répète « à la vie à la mort ! ». Haches d'applaudissements. Les têtes sont hystériques. Je me déplace vers une fenêtre. Une carpe saute sur la pelouse. Elle pirouette en tous sens, puis, épuisée, reste là dans l'herbe. L'épaisseur de la vitre empêche de bien voir. On devine des arbres secoués par le vent. Du vert. Du jaune. Des fleurs. Le carreau flambe dans une coulée de soleil.

La présidente hausse la voix. Un incendie froid traverse l'espace. L'an dernier, chaque écrivain-résident a croisé son destin. Elle raconte. Unetelle, autrichienne, arrivée sous antidépresseurs, a consolé dans Shanghai la perte de son enfant ; untel, sidéen squelette, est reparti vêtu d'un nouveau manteau de graisse ; untel encore, celui-ci, ou celui-là (elle désigne cette fois les Occidentaux du doigt) a perdu sa femme, son travail et le reste d'avoir posé un œil sur une Chinoise (toutes les femmes dans la salle tirent sur leur jupe et les hommes ont la bave qui leur vient). Les servantes se regardent. Elles sont belles. Elles prolongent la courbe de la rampe d'escalier.

La présidente se tient droite. Sa voix siffle. Je l'observe de trois quarts. Son visage est dans l'ombre. Ses cheveux sont noués sur sa nuque. Je me tiens à quelques mètres de ce corps. Il me fait l'effet d'un bel animal plein de sauvagerie et de saletés abominables. Des images de cheval frémissant, hennissant, au trot, en train de chier, me traversent l'esprit. Je pense à l'encyclopédie de la sexualité que m'avait offerte mon père, inquiet de voir son fils handicapé montrer si peu d'intérêt pour la chose. Je me souviens que je n'avais pas eu la force de porter les livres jusque dans ma chambre. Ma mère refusant de s'en charger, et refusant moi-même de m'abaisser à demander l'aide de mon père, ils sont restés empilés sur son bureau au bas de l'escalier. Un seul de ces volumes m'intéressait. Contrairement aux autres, simplement cartonnés et à peine illustrés, alignant des platitudes anthropologiques ou anatomiques, il était tendu de cuir noir et débordait d'images obscènes. Je me plongeais dans ce catalogue des déviations le cœur battant. Il arrivait encore que ma mère me lise la Bible à cette époque. Je ne l'écoutais pas. Je pensais aux gravures illustrant les textes de Sade et de Sacher-Masoch, et au trésor de photos en couleurs auquel j'allais retourner dès que je serais seul, enfin rendu à mon nouveau paradis de pratiques avilissantes. Je les contenais toutes. Elles me donnaient la nausée. Elles m'emportaient au ciel. Je me souviens surtout du visage extatique d'une femme couverte par un chien. Elle avait la tête en arrière, les paupières baissées et le corps dans cet état d'abandon du plaisir absolu, de l'éclair qu'aucun homme ne peut faire jaillir, elle avait l'expression de la sainte Thérèse du Bernin, de l'union charnelle d'un mortel avec Dieu.

La présidente continue de parler. Les hommes de l'assistance sont pendus à ses lèvres. Je suis comme eux. Je la dévore des yeux.

La femme de Shanghai n'est que jambes et paupières baissées. Elle ne voit personne. Elle veut un homme contraire à tous les hommes. Elle n'aime que l'infini poétique du désir. Cette folie d'amour, cette syntaxe physique de blancs et de silences l'empêche de se sentir seule. Elle n'a pas d'orgueil. Elle n'est que vanité. C'est pourquoi ses paupières se baissent, c'est pourquoi elle se promène court-vêtue, perchée sur ses talons cathédrale d'Esméralda. Les chairs qu'elle montre, insinuantes, livides, assombrissent l'âme des hommes comme une goutte de lait trouble un verre d'eau pure. L'ami, l'amant, le mari qu'elle se choisit n'a d'elle que l'image d'un dévouement affairé. La nuit, ses gémissements sont des pleurs, et la lueur énigmatique de ses yeux lance des malédictions.

La présidente de l'Association des écrivains termine son discours. On projette des vues d'hélicoptère de la ville au kilomètre, avec plongées vertigineuses et musique de salle d'attente. On se croirait dans *Apocalypse Now* revisité par le Club Med. Aux tables, les gens se détendent. Les langues se délient. Le film n'en finit pas. Tours ubuesques claironnant sur espaces verts, technozones chromées, fleuve bleu cuvette WC, esplanades sans personne, symétries marmoréennes, cauchemar échappé d'une brochure de Ron Hubbard pour prochain millénaire de paradis mort. Le projecteur déroule le miracle chinois auquel plus personne ne prête attention, sauf, de temps en temps, un sous-fifre qui lève le nez en souriant.

Un professeur et deux écrivaines à ma table. Lui est mince, raie de premier de classe et moue de jouisseur. La femme jeune ne se tourne vers moi qu'avec dégoût. Le handicap rebute. Elle incline le buste vers l'arrière, à tomber. En deux phrases, elle ramène la poésie française au niveau de la limaille. Je lui demande si elle préfère Mallarmé ou Valéry. En tant que femme, s'entend. Son téléphone sonne sur un air de Michael Jackson : « *I'm bad, I'm bad...* » La poétesse assise à côté d'elle, plus âgée, refuse la littérature moderne. Elle dit « moderne » sur un ton endeuillé. Le professeur parle de la distance interpersonnelle en Asie. En Chine, elle est plus marquée qu'au Japon, dix centimètres environ, mais à Shanghai, elle n'excède pas l'épaisseur d'une feuille de papier. Il précise qu'on se tient ici à portée d'haleine sous peine de passer pour un salaud. J'ai peine à l'entendre à l'autre bout de la table.

Combien de convives aurai-je blessés ce soir ? Pas un seul. Les dernières bribes d'une voix autoritaire proviennent de l'estrade. Sans but, elles traversent le public qui ne sait plus pourquoi il s'est réuni. Un larsen, puis l'assistance se disperse avec la lenteur d'une flaque d'huile. Quel idéal inspire ces écrivains d'appareil ?

XVIII

People's Square. 201 Renmin Avenue. Shanghai Museum. On s'ennuie. On gèle. La climatisation attaque les muqueuses dès le sas antibombe. Hall circulaire à se perdre, quatre salles d'exposition par niveau, quatre niveaux, ou trois, selon qu'on se fie à ses yeux ou aux commandes de l'ascenseur. Les pays dépourvus de passé colonial n'ont pas de grands musées. On peut choisir entre calligraphie chinoise, peinture chinoise, sculpture chinoise, céramique, numismatique, mobilier, jade, bronzes chinois et enfin, au dernier étage, minorités culturelles chinoises. Plus on monte, plus il fait froid ; alors on redescend offrir une seconde chance à la calligraphie. Pièce rectangulaire avec appendices ovales aux deux bouts, crépusculaire, sans ombres franches. Quelques visiteurs encadrés par le double de gardiens. La vitrine face à l'entrée, équipée d'un détecteur de mouvements déréglé, semble capter des présences invisibles. Elle s'allume à tout bout de champ mais, en raison de sa taille et par souci d'économie, ne s'allume que d'un côté. Il est impossible d'en avoir une vision d'ensemble sans battre des bras en se tenant au milieu. On expose Zhu Yunming (1460-1526), *Ode à la pivoine*.

La pivoine est la reine des fleurs. Elle exprime la confusion des sentiments. L'agressive mesure du calligraphe a produit un paysage herbeux de lettres pour chanter l'amour malheureux. Partout, des flèches et des croches attaquent le délié de l'écriture. On dit que Zhu détestait les roses, la fleur de la tendresse et de la pornographie. La nature l'avait doté d'un sixième doigt à la main droite. Il passait pour un élu. Il était suspect. On admirait le génie, mais l'infirme ne trouvait grâce ni aux yeux de l'empereur Zhengde, pourtant friand d'eunuques, ni à ceux des courtisanes. On le tenait à l'écart. Il n'entrait au palais qu'à la nuit tombée. Il déposait son œuvre. Il s'éclipsait.

Miró et Pollock sont en germe dans cette vitrine. Les Meidosems de Michaux également. Pas d'image, pas d'histoire à raconter sinon celle d'une projection de matière. Mais la beauté surgit. Elle n'a rien de séduisant. Une succession de ratures. La signature indéchiffrable de l'humain. Dans un coin de la vitrine, une bague en or. L'inscription dit: «Anneau de Zhu Yunming – l'artiste la portait pour travailler».

Pour comprendre les vieux pays, il faut lire les vieux textes. La Chine est un fossile sans mémoire. Tous les textes écrits avant la dynastie Qin (221-206 av. J.-C.) ont été brûlés.

XIX

Le square du Peuple attend. La ville verticale est descendue dans l'herbe. Quelques familles présentent les photos de leurs filles à marier, des familles pauvres aux gros souliers cloutés. Il y a beaucoup d'enfants. La circulation est dense. Les voitures tournent en rond, elles glissent comme des squales. Les ombrelles s'emboîtent. Tout est plat. Le danger rôde. Les lotus dérivent sur la mare. Les dalles en béton reflètent les néons de la rue piétonne Nanjing qui descend vers le Bund. Il pleut. L'asphalte fume entre les immeubles coupés à mi-hauteur par la grisaille. La population se déverse, hallucinée ; aimantée par le vide, elle s'engouffre dans les magasins comme le plancton dans la gueule des baleines.

Une cinquantaine de badauds dansent sur les braillements d'une pseudo-Gitane. Elle massacre une rengaine pop moulinée par un organiste

Bontempi, adossé au seul palmier de la seule plate-bande. Il fait doux. Chaque chose est à sa place. Les enfants dorment. Les adultes sourient. Les vieux ont l'air morts. Soudain des rires. Le crincrin hésite, s'arrête, repart. Un attroupement se forme autour de la Gitane. Deux policiers, aux gueules à défoncer des crânes, veulent lui arracher son micro. Elle résiste. Elle chante plus fort, plus faux, sur le même filet d'orgue. La foule désormais hilare, compacte, se secoue et secoue les policiers qui paniquent. Talkie-walkie, charabia excité que tout le monde reprend en chœur. On les bouscule, on les chahute doucement. La foule se scinde et se reforme. Elle escorte les deux hommes qui effectuent un repli stratégique vers leurs tricycles électriques. Talkie, aboiements excédés. Les renforts arrivent, une voiture et deux autres matadors. La Gitane, chauffée à blanc, harangue. Elle a le droit de chanter « si pas aujourd'hui, à quelques jours de la Fête de la Lune, alors quand ? ». Elle miaule. Les gens rient. L'organiste mouline sa pop. On voit une matraque, vite avalée par la foule qui continue de s'esclaffer. Finalement elle se dispersera avec tapes sur l'épaule et regards vers le ciel. Des téléphones portables ont filmé la scène. Un soir comme un autre. Un grand moment de liberté.

Octobre. Morte saison. Les touristes déferlent sur Shanghai. Le jour est bas. Les rues dévoilent leurs trésors. Je déteste l'automne qui célèbre la défaite de la nature et le triomphe des cités.

XX

Nous vivions à la campagne parmi les animaux. Chiens, chats, poules, canards, lapins. Mon père était bibliothécaire à Genève. Je ne le voyais qu'en fin de semaine. Il remisait alors son costume et son nœud papillon, il passait un vieux pull marin, un pantalon en velours et des sandales. Je m'amuse de ces souvenirs, ici, à Shanghai, où rien ne parle de la terre, pas même les parcs avec leurs citadins endimanchés, leurs chaises longues tarabiscotées et leurs plates-bandes de fleurs importées d'une serre lointaine. Il y a bien quelques chats qui traînent, mais ils ont, eux aussi, des manières peu naturelles. Au lieu de chasser ou de se prélasser dans l'herbe, ils restent sur un coin de bitume à regarder passer les gens d'un air abattu comme s'ils voulaient se faire adopter. Je devais avoir un peu la même allure en suivant mon père au jardin, ce jour-là. Pâques approche. Il fait frais. Mon père traverse la terrasse gravillonnée. Je le suis. Il se rend au poulailler. Il porte un poignard à la ceinture, dont la lame est creusée comme un ventre à force d'avoir été aiguisée. Nous franchissons le portail en bois. Le coq nous vole dans les plumes. Mon père le chasse. Le sol, toujours à l'ombre dans ce coin, est couvert de mousse. Je marche en me tenant au grillage d'une main, l'autre venant d'être plâtrée. Sans se retourner, mon père me demande de placer un seau contre la porte des clapiers. Il revient en portant un lapin par les oreilles. Il me le tend. Je le caresse. Il y a un remous sous sa fourrure, comme de la lave ou du métal fondu soudain plongé dans l'eau et qui se fige d'un coup. Le ciel est bleu cobalt, un ciel d'été, mais, à mes pieds, le bac en granit est encore couvert de glace. Mon père sort un pistolet de sa poche. La braise de sa cigarette danse devant sa figure. Il sourit. Il maintient désormais le lapin au fond du seau. Mon père me propose une Gitane. Comme je ne bouge pas, il referme le paquet avant de me tendre le pistolet. Je prends l'arme. J'appuie le canon contre la tête du lapin, sur l'œil strié de vaisseaux brunâtres, prêt à jaillir de l'orbite. Je n'entends pas le coup de feu. Les pattes du lapin labourent les parois en métal. Dans la semi-obscurité de l'avant-toit rouillé, avec ce ciel éclatant et ces dernières plaques de neige au bord de l'allée, son pelage a pris une couleur de vieil or. Mon père le soulève puis il le cloue contre la porte par les pattes arrière. Du sang sort de sa bouche, coule le long de ses oreilles et goutte dans le seau. J'ai chaud. Un attachement presque fraternel me lie à cette bête encore parcourue de spasmes. Durant ces quelques instants, je passe dans l'autre camp, du côté de mon père, là-haut, avec la force, et non plus du mien, en bas, parmi les petits. J'aurais fait n'importe quoi pour que cette inversion se prolonge. Mais j'avais accompli ma part, alors j'ai admiré le pelage du lapin, son masque un peu tragique, un peu grotesque, aux dents courbées, aux babines figées sur un sourire. J'ai humé cette matière suspendue entre terre et ciel, morte mais pas tout à fait. Mon père a tranché la peau autour des pattes. D'un coup sec, il l'a arrachée, de haut en bas, libérant la chair brillante. J'ai cru vomir ; non de dégoût, mais d'excitation. Dans cette basse-cour banale, d'ombre et de neige, j'ai été parcouru de frissons, mon ventre s'est tendu comme partant au-devant de ce rose bleuté, et la nausée est devenue plus forte dans ma gorge. Deux images se sont alors superposées ; cette cour et la cour de mon école.

Un nouvel élève avait été admis dans notre classe. C'était un gamin qui sentait le renfermé. Dès qu'il est entré, l'atmosphère a viré. Il s'est assis à deux rangées de mon pupitre. Il ne m'a plus quitté du regard. À la récréation, il m'avait écrit une lettre qu'il m'a remise en murmurant : « Ne dis rien à personne. » Le ton était suppliant, outré, grotesque. Je n'ai pas eu le cœur à rire. J'ai pris la lettre. Il a filé. Mes camarades m'ont rejoint. La lettre est passée de main en main. Elle parlait de caresses et de baisers. Durant l'après-midi, je n'ai pas tourné les yeux dans sa direction. Mais je sentais les siens qui ne me quittaient pas. J'entendais aussi mes camarades ricaner. La cloche a sonné. Je suis sorti le premier. Quand cet élève a franchi la porte, je l'ai frappé. Il ne s'est pas défendu. Il a reculé vers un radiateur. J'ai continué à le frapper. Ma main s'est brisée. Je n'ai pas eu mal. J'ai continué. Il a trébuché contre le bord d'une poubelle dans laquelle il a basculé. Il est resté ainsi, coincé les quatre fers en l'air, pendant que je le cognais, pendant qu'il souriait sous mes coups, que la classe faisait cercle autour de nous, et criait, et m'encoura-geait à casser la gueule de ce sale pédé, et que le professeur demeurait sur son estrade, impas-sible, à bourrer sa pipe. Je crois que mon amour de la foule me vient de ce jour où je me suis enfin senti accepté, où je n'étais plus l'enfant fragile, mais un enfant comme les autres, qui déversait sa rage sur un plus faible que lui. J'aime la foule bruyante, serrée. J'aime la populace. J'aime l'odeur de la poudre. J'aime la couleur du sang. J'aime ce plus beau souvenir d'enfance.

XXI

J'essaie de profiter des instants où je n'écris pas.

Shanghai. Hôtel. Dehors. Le voiturier me tape dans le dos. Le Chinois évite les contacts physiques, mais quand il a bien mangé et que le vent est doux, il devient fraternel.

Taxi. Le chauffeur démarre. On ne roule pas longtemps. Les panneaux de signalisation affichent les artères principales en vert, jaune ou rouge, selon l'embouteillage. En ce moment, c'est un buisson ardent. On attend. La chaleur fait craquer les tôles. Des milliers de passereaux sont accrochés aux câbles téléphoniques. Un homme en costume sort d'une limousine. Il urine sur le rail de sécurité. Il se gratte le visage. La glissière fume. Je quitte le taxi.

Art Village. Puanteur des échoppes. Une pluie fine tombe sur les maisons en brique. Les façades sont tapissées de photos soulevées et rabattues par le vent. La plus ancienne date de 1884. Même ruelle commerçante, mêmes façades à pendeloques, même tristesse. Une jeune soldate se tient là, en photo. Elle fume la pipe, les bottes dans la lumière. Elle a les mains sur le ceinturon et un sourire innocent. Les Chinois sont paisibles. La guerre n'est pour eux ni tragique ni douloureuse. Elle est une séquence de l'Histoire parmi d'autres. On n'en tire aucune gloire. Il faut y aller comme il faut aller travailler. Sans état d'âme. C'est pourquoi les Chinois tuent et se font tuer calmement.

À deux pas, la maison du peintre Yifei Shijie (1946-2005) fait pitié à voir. Elle est comme la peinture chinoise. Modeste en apparence. Saccagée à l'intérieur. On découvre une collection d'objets hétéroclites. Une tondeuse, diverses machines, des gravats, des éléments de plomberie, des meubles, un lot de panneaux de signalisation routière, des portes, des planches. Une affiche monumentale du *Pacte au drapeau rouge* est placardée dans une niche. Un seul tableau est exposé, un *Pont des Soupirs* barbouillé par Degas pour Barbara Cartland. Un gardien en fauteuil relax agite la biographie illustrée de Yifei. Les épaules du peintre sont voûtées, son regard souverain. Une adolescente se tient à ses côtés. Sur les premiers portraits, elle est banale, vaguement hippie. Les reproductions sont mauvaises. Plus on tourne les pages, plus la jeune femme devient belle, et plus la déchéance physique de son mari s'aggrave.

★

Le quartier s'est empli de mobylettes électriques filant sans bruit sous les eucalyptus. Les hommes sont lents. Ils fument et somnolent au guidon, tirant des remorques de métaux à recycler. Les femmes les dépassent. Elles portent des visières en plastique qui cachent leur visage. Ballet de zombies et de robots.

L'arbre de Shanghai est le magnolia, la fleur timide et réservée. Le symbole fut choisi en 1986, durant les premières manifestations étudiantes. Elles étaient encore joyeuses, trois ans avant Tienanmen. Deng Xiaoping avait alors décrété « l'année portes ouvertes ». Il fallait apaiser la jeunesse, rassurer l'étranger. Cette période est révolue. Le récent musée de l'Architecture, en forme de magnolia, est en acier. Il n'y a plus ni douceur ni discrétion. Quatre pétales immenses, quatre lames de guillotine surplombent la place du Peuple.

XXII

Jinshan City Beach. Fête de la lune. Compétition pyrotechnique sur la plage. La Chine reçoit le Portugal. L'artificier étranger débarque de Lisbonne. Il s'est posé à l'aéroport de Pudong avec sa cargaison de fusées pour damer le pion à sa rivale chinoise. En attendant la nuit, il regarde la lagune. Il loge au dernier étage de La Montagne d'Or, un hôtel pieds dans l'eau, fleuron du parc immobilier de Jinshan City, à 70 km au sud de Shanghai. Un écran géant le présente au public massé sur la plage. Il a deux filles, il aime le canard laqué. Il est sympathique. Les gens s'installent. Ceux qui n'ont ni chaise pliante, ni veste, ni linge, ni journal pour s'asseoir, font des mosaïques de mouchoirs en papier. La vidéo se termine. Une speakerine balance son fourreau estampillé Pirelli. Elle tapote son micro. Elle harangue. Le portrait de l'artificière chinoise, ceint de palmes, apparaît sur l'écran. Une pluie fine que les Chinois disent romantique se met à tomber.

Je suis arrivé dans l'après-midi. Un couple se bécotait sur une moto au bord de la jetée. Quand ils ne s'embrassaient pas, ils fumaient en lançant des pierres dans l'eau. Ils visaient une bouteille en plastique poussée par le vent. Une chaîne cadenassée heurtait les montants en inox du portail de la plage. Jinshan, ville fantôme et caprice balnéaire, est à vendre ; une surenchère de bâtiments néo-mussoliniens et gréco-Walt Disney, tous inoccupés. Les avenues, aux façades siamoises, placardées de portiques en trompe-l'œil, attendent leurs cortèges de limousines et de jet-setters. Elles risquent d'attendre longtemps. L'avalanche de panneaux de signalisation, de jardinets proprets, de casernes de pompiers, de parcs léchés, d'étangs trop bleus, les tons pastel, les enseignes dorées donnent l'impression d'un paradis pour enfants. La Chine bâtit comme on joue aux Lego. Le jour où elle aura passé l'âge, elle se réveillera dans un décor de poupées.

Le feu d'artifice sera tiré depuis neuf barges ancrées au large. On accède à la plage par un portique d'hippodrome. La foule piaffe. On ouvre les grilles. Elle s'élance. Petits pas rapides, mais personne ne court. Les gens s'éparpillent en direction du rivage. Les forces de l'ordre veillent.

Plus nombreuses que le public, elles occupent les meilleures places sur les gradins. Les individus les plus exaltés sont photographiés, contrôlés. On ne s'offusque pas. C'est la routine. Il faut encore se faufiler entre quelques échoppes fumantes, traverser une roselière par un sentier de planches. Au loin, l'immense Montagne d'Or scintille sous les led. Voici enfin la plage. Plusieurs kilomètres de sable blond, comme épandu la veille. Un Luna Park s'élève derrière une nouvelle grille. Une grande roue et des montagnes russes, mais aussi des installations plus modestes, des balançoires, des chevaux à bascule, des toboggans, des cages d'escalade, aux couleurs et aux formes inhabituelles, fuselées, crantées, d'aspect militaire, accueillent les visiteurs. Chaque carrousel est surveillé par un policier. On ne peut pas les approcher, encore moins s'y amuser. Ce parc de joie fossile s'étire jusqu'à la mer. Les parents prennent des photos, les enfants piaillent. Chacun a un avant-goût de la fête qui reste hors d'atteinte.

Secteur A, face aux barges de lancement. S'installer au premier rang. Premier rang signifie avoir le menton posé sur une dernière barrière qui coupe la plage en deux dans le sens de la longueur, doublée d'un cordon d'uniformes au garde-à-vous. Les quelques enfants qui se faufilent sont interceptés et ramenés à leurs parents.

La nuit tombe. La foule mange. Les plantons transpirent du képi. Des chauves-souris chassent au-dessus de nos têtes. La speakerine a terminé. Elle se fige, alignée sur les sentinelles.

Soudain, un flash au ras de l'eau. Une détonation. Les gardes se tournent, jambes écartées, mains croisées sur les fesses, face aux feux. Le Portugais balance la purée. Ses fusées forment des cœurs et des planètes. Ils pétaradent sur Lady Gaga, Beyoncé, 50 Cent, Snoop Dogg, Usher, David Guetta, Sean Paul, toute la soupe formatée Ibiza. La foule n'en revient pas. Elle reste bouche bée jusqu'au bouquet final. Des méduses de phosphore incendient la nuit chinoise. Timides applaudissements. «Trop MTV! Pas assez zen!» dit un type qui a lu mon adresse en français sur l'étiquette de mon sac à dos. Il se frappe la poitrine. «Moi, études Paris. Architecte...» Un grondement écrase l'assistance.

Première fusée chinoise : une pluie sanglante couvre la mer. Des violons jouent *Les Quatre Saisons* de Vivaldi sur un tempo uniformément galopant, accompagnés de miaulements façon théâtre de Pékin. Les spectateurs chantent, battent des mains. L'artificière raconte une histoire. L'hiver glacé d'éclairs, le printemps bourgeonnant, l'été incandescent, puis l'automne, interminable, un voile de braises tendu sur l'horizon. Bouquet final : un coup de tonnerre dans le noir. Indifférentes, les chauves-souris continuent de chasser.

L'air reste empli de flammèches qui se déposent sur le sable. La foule se disperse dans un nuage de moucherons qu'on voit briller autour des projecteurs. La lumière électrique amplifie les détails de cette masse de corps et d'insectes. Elle s'effiloche comme de la fumée. La mer accompagne ce roulis de matière en se cassant avec violence sur la grève. Je suis le seul point fixe de la plage. Je peux embrasser son étendue, cette surface immense et uniforme, blanche et noire, inerte comme de la cendre, amorphe comme le peuple. Il fait chaud. Il flotte encore une odeur de brûlé mêlée de relents amers qui proviennent d'un tas de peaux d'oranges, de pamplemousses et de citrons, abandonnées juste là. Je me sens planté dans le sol, à ma place parmi les restes de la fête, dans l'écho des pétards, de la houle, sous les entablements humides du ciel. J'ai la tête emplie de détonations. Ce crépitement retentit profondément en moi, toujours plus loin, il déclenche un feu d'artifice dans les profondeurs de mon esprit, dans un lieu secret, invisible à l'IRM, un incendie de souvenirs.

Les projecteurs s'éteignent. Deux militaires s'approchent. Je ne les attends pas. Une fois derrière les grilles de l'entrée, je retrouve le grouillement humain. J'ai tenté de me rappeler le visage de mon père en quittant cette plage déserte. Maintenant, dans la foule, je n'y arrive pas davantage. Je cherche un autre visage. Il aurait un air absent. Les cheveux noirs. La peau très blanche. Je cherche quelqu'un. Tous ceux que je vois lui ressemblent. La mer en contrebas tape contre la digue.

Un chien, à nouveau, passe au milieu des gens, la truffe collée au sol. Il flaire. Il disparaît comme il est apparu, marchant vite vers un but qu'il est seul à connaître et que je voudrais connaître, moi aussi, davantage que les choses qu'il me reste à découvrir dans cette ville, et même, peut-être, dans ma vie. Je voudrais être lui et fuir sur ma ligne d'odeurs à la poursuite d'une image floue entre les bosquets de pruniers, traverser les propriétés désertes, longer les piscines, passer sous les clôtures et les grilles, filer sans me demander s'il pleut, s'il fera bientôt nuit, flairer, courir, et creuser à en perdre haleine pour déterrer des os.

XXIII

Quand mon père est mort, nous l'avons incinéré. J'avais une quinzaine d'années. Je ne me souviens plus qui assistait aux funérailles. C'était une foule sombre et pleine de murmures. Je m'étais trouvé un coin à l'écart, loin de ma mère et de mes trois demi-sœurs. Je n'avais pas encore ressenti le choc de cette mort qui demeurait irréelle, comme l'était aussi ce qui se passait. Je n'étais pas triste. Tout cela me déplaisait. On a mis de la musique. Quelques morceaux des Compagnons de la chanson. Nous étions mi-octobre. Un soleil gris traversait avec peine les vitraux de l'église. Je me souviens de mes camarades de classe alignés dans le fond. Ils avaient un fou rire. Quand les violons se sont tus, la famille a escorté le cercueil vers l'incinérateur. C'était un bloc en acier percé de hublots, avec des boulons à ailettes. Il ressemblait à un bathyscaphe paré pour la plongée. Je me suis installé en face de la trappe par laquelle on enfournait les dépouilles.

Mes sœurs ont déposé un voile brodé d'étoiles en argent sur le cercueil, à la manière égyptienne. La porte s'est refermée. On n'a vu aucune flamme. Le bois clair s'est couvert de vaguelettes de chaleur. Il y a eu une lumière intense accompagnée d'un bruit de soufflerie. Des particules de la taille d'un ongle ont empli le caisson. Un instant, le voile a flotté dans l'air. Puis le corps du mort est apparu. Il était luisant. Il s'est désintégré. Un tourbillon de poussière s'est échappé par deux fentes, l'une au sol, l'une au plafond.

Ce fut tout. Ce fut beau. Ce fut un moment dépourvu d'émotion ou de signification.

XXIV

Inner Ring Elevated Road. Les voies rapides survolent un quartier de petits commerçants. L'odeur du fleuve est partout. Le vieux fond urbain se brise contre les tours. Les passants, chargés de Moon Cakes, trottent. Ce gâteau rond et doré symbolise la famille. Il est amer avec un arrière-goût de brûlé. Les gens se sourient.

Il a plu. Le carrefour retient les adolescents devant une galerie marchande. Ceux qui ont pris possession des murets ont les mollets tatoués et des piercings sur le visage. Leurs motos étincellent. La foule les heurte, les contourne en grondant, comme une vague se brisant contre un récif. Une femme perd connaissance. Je me précipite. Elle meurt dans l'indifférence générale. Je n'éprouve maintenant ni colère ni peine. La morale n'existe plus quand on écrit.

★

Je m'en veux chaque jour de ne pas profiter mieux de cette ville. Je n'aime pas tant découvrir de nouveaux lieux que de revenir au même endroit lorsqu'il m'en rappelle un autre qui m'est familier. Je ne saurais dire combien de fois je suis allé à la Wilhelma de Stuttgart dans mon enfance, une oasis en fleurs où cohabitaient tous les fauves de la création. Je retourne donc au zoo de Shanghai. Deux éléphants en pierre sont assis face à face à l'entrée. Ils se tiennent par la trompe, formant une arche sous laquelle il est de coutume d'échanger trente mots en hommage à cette bête dévouée, capable de mémoriser un nombre équivalent de commandements humains.

Les félins accueillent les visiteurs. Leur vie bridée les rend misérables. Le puma noir vit au nord de la Grande Muraille et le jaguar zitan dans les montagnes Jaunes. On les reconnaît à leurs cris. Le premier siffle comme un oiseau quand il chasse. Le second émet un craquement de branches pour masquer ses pas. Ces animaux sont comme les écrivains. Ils se cachent derrière leur voix.

Un air moite, venant du parc à singes, m'enveloppe des pieds à la tête. Je suis ici pour eux. D'abord l'enclos des gorilles, sinistre cage où quelques cordes à nœuds font office de lianes.

Les primates dorment sur une plateforme en métal, qui transforme leur immobilité en douleur. Ils laissent pendre leurs bras, lourds comme des massues. Leurs gestes sont majestueux et las. Un poing énorme se lève parfois vers le soleil, tournoie, comme imitant le mouvement de la terre, défiant, au-delà de ce grillage, la ville, l'humanité entière. Les gens les photographient, jambes fléchies dans la position du chasseur, mitraillant ces formes d'hommes de leurs rafales d'images.

L'attraction est dans le pavillon voisin. Le chimpanzé se prélasse sur un rocher émergeant d'un étang. Il jette un regard indifférent à la foule qui se presse derrière la barrière. Lisse comme un os sur un fond gris argent, son corps glabre et nerveux brille sous les flashes. On l'appelle Cinder. À l'âge de deux ans et sans cause déterminée, il a perdu ses poils. Depuis, on vient le voir de la Chine entière. Cinder fait quelques pas. Il avance bien droit, le menton relevé, les bras ballants, avec nonchalance et défi, comme s'il menait une armée. Quand il bouge, des ombres roulent sur sa musculature presque verte, surnaturelle de puissance et de nudité. Aucune créature ne ressemble davantage à Dieu qu'un singe sans fourrure.

Ma première rencontre avec les animaux sauvages remonte à mon sixième anniversaire.

J'avais été circoncis et mes parents m'avaient emmené au cirque pour fêter l'événement, une fois la plaie cicatrisée. Les ours défilaient. Mes parents se disputaient. Ils s'étaient querellés à cause de moi durant toute cette période. Nous sommes rentrés avant la fin. La bataille a continué à la maison. Il était question d'une lettre que mon père avait reçue de l'une de ses sœurs vivant en Égypte. La lettre parlait de traditions. Je ne sais pas comment cette femme, qu'il n'avait rencontrée qu'une fois, avait pu le convaincre de suivre la coutume. Mon père n'avait que mépris de son pays d'origine, «pays de sauvages et de fainéants». Mais j'ai malgré tout été circoncis. Je revois cette enveloppe, la série de timbres ornés d'un sabre, et surtout je me souviens de ce mot de circoncision que je ne connaissais pas, mais qui faisait scandaleusement écho à ce que je venais de vivre. Le même soir, ma mère a plié bagage. Mon père fumait en silence à la cuisine quand elle a franchi le seuil en me poussant devant elle. Ce fut leur seule dispute. La Ford Mustang a filé dans la nuit. Le lendemain matin, nous arrivions à Stuttgart. Mes grands-parents nous attendaient.

Ma famille allemande cultivait une grandeur sobre qui lui venait d'une époque où elle partageait sa table avec la noblesse d'Europe. Il en restait de la vaisselle et des verres armoriés, de l'argenterie, des bijoux, quelques meubles, des instruments de musique, des tableaux d'ancêtres. Une atmosphère recueillie flottait dans la maison construite un peu comme un iceberg, deux étages hors de terre et le double en caves superposées. Mon grand-père médecin y avait installé son laboratoire. Inventeur d'une thérapie par injection de cellules fraîches, il conservait des milliers de flacons réfrigérés, emplis d'un sérum à base de chairs animales. Les animaux étaient trépanés vivants. Leurs cervelles étaient réduites en bouillie avant d'être injectées au patient.

Nous prenions nos repas au jardin d'hiver. Après la prière, la discussion portait sur mon père, sur ce qu'il m'avait fait subir et sur ma maladie. Quelque chose se tramait contre lui. Je compris que ma mère était en train de rompre la promesse qu'elle lui avait faite, de ne jamais mettre ma santé entre les mains de sa « famille de charlatans ».

Une nuit que je tendais l'oreille, des pas se sont approchés de ma chambre. La porte s'est ouverte. Ma mère est entrée la première. Elle est venue vers moi. Elle s'est agenouillée. Elle m'a embrassé sur le front. La forme hommasse de ma grand-mère s'est découpée sur le couloir. Elle s'est couchée en travers de mes jambes. La haute silhouette de mon grand-père est apparue. Il tenait une seringue dans sa main velue. Je me suis débattu. J'ai crié. Ma mère a murmuré des mots tendres à mon oreille. L'aiguille est entrée dans mon ventre. Des millions de chromosomes sauvages se sont mêlés aux miens. J'étais devenu mi-enfant, mi-animal. Cet instant est celui de ma mort. Il est celui de ma naissance en tant qu'écrivain.

On écrit pour faire taire la bête en soi.

XXV

Huhang Expressway, National Highway 318, National Highway 320, Class-A Shanjiang Highway. Péage de la province de Zhejiang. Le paysage se dévoile. On voit les coulisses de Shanghai. Des usines chimiques déversent leurs boues fluorescentes dans le fleuve. Des raffineries hérissées de clignotants touchent les barres d'immeubles. Des panneaux publicitaires monumentaux reflètent leur camelote sur les rizières.

L'antique porte de Xitang, ville lacustre Ming située à quatre-vingt-dix kilomètres à l'ouest de Shanghai, est plantée sur un parking. Le cœur historique est entouré de cimenteries. Elles semblent tourner à plein. Elles sont en réalité à l'abandon, squattées par des journaliers trop pauvres pour se payer un appartement communautaire en enfilade. Le salaire mensuel minimum vient d'être porté à 1 280 yuans (150 euros) à Shanghai. Ici, il est dix fois moins élevé.

Xitang est traversée par neuf rivières. Elle noue et dénoue ses ruelles et ses canaux. On s'y promène en se frottant les épaules aux façades. Des vieilles têtes sourient aux minuscules fenêtres. Elles attendent qu'on mette une pièce dans une soucoupe pour chanter. Un pêcheur aux cormorans amarre sa barque au ponton d'un restaurant. Cinq oiseaux aux ailes écartées, tout aussi décatis, attendent qu'on leur retire le lacet qui les empêche de déglutir. Le film *Mission impossible 3* a fait découvrir Xitang aux habitants de Shanghai qui s'y bousculent en fin de semaine. Les couples s'arrachent les Honeymoon Suites, chambrettes avec terrasse sur pilotis et lit à baldaquin. Ils viennent grappiller un peu de cette Chine millénaire résistant encore à la modernité.

Le plus vieux pont de la ville, ni trop long ni trop raide, attire les enfants. Ils avalent des caramels vendus par un marchand ambulant, à l'abri d'un saule, en contrebas. Le pêcheur aux cormorans mange, un bol sur les genoux. Poil noir, expression butée, contredite par un débit joyeux, il est le portrait craché de ses oiseaux. Il bouge par saccades comme son bateau. Il mastique une boule de riz fourrée aux crevettes qui grouillent dans ces canaux. On les déguste avec la tête. Il ne finit pas son plat. Il demande qu'on lui emballe les restes. Il dit «Ta Po!», le mot chinois pour «doggy bag». Il baragouine l'anglais. Il répète «Ta Po» en riant. Il parle d'une Opération Ta Po. «Top secret!» Son père était américain, pilote de l'USAF, et sa mère chinoise. Il prétend que douze bombes atomiques, et non deux, ont été larguées en août 1945 sur le Japon. «Pas un survivant. Il a fallu importer un nouveau peuple dans l'archipel pour cacher le massacre. Les Américains se sont servis chez les Japonais qu'ils avaient chez eux. Enfermés par milliers dans des camps après l'attaque de Pearl Harbor, ils ont été endoctrinés puis réexpédiés vers la terre de leurs ancêtres. *Opération Ta Po! Emballez pour emporter!* Un peuple factice. Le Japon n'existe pas.» Il crache dans le canal.

Retour à l'hôtel. Toujours ce bruit impossible à décrire qui se double, à intervalles irréguliers, d'un mystérieux carillon à quatre tons. Shanghai aux milliers de sirènes.

XXVI

Will's Gym. 88 Huichuan Road. Les moniteurs de sport fument dans un angle mort des caméras de surveillance, en barboteuses marine et rangers. À deux pas, le gardien du parking, colosse véritable, les toise avec dédain. La réception du club, large comme une fosse d'orchestre, abrite chaque jour un effectif plus important d'hôtesses à jupettes, râleuses. On entend le murmure des machines de fitness tournant à plein régime, masquées par une cloison aux étagères de coupes et de peluches alignées comme à la fête foraine.

Entre photocopies répétées du passeport, du billet d'avion, de la carte de crédit, après négociation du tarif et séance d'essai plusieurs fois remise puis définitivement annulée, il m'aura fallu une semaine pour m'inscrire.

Le *Shanghai Daily*, éparpillé sur les tables basses de la zone de détente, titre : « *Shanghai's duck rules* » (Le canard de Shanghai a du poil aux pattes). Le canard de Shanghai est plus volumineux que celui de Pékin. Sa chair est coriace. Ses maigres pattes sont enveloppées d'un duvet roux. Manchons de renard. Ce volatile bancal vient d'être choisi par la mairie comme mascotte d'une campagne en faveur des personnes handicapées. On croise à Shanghai des infirmes comme on n'en fait plus chez nous, aux jambes en boucles, aux silhouettes cassées si bas qu'elles s'appuient sur des cannes courtes comme des tibias, ou qui se déplacent en crabe, ne touchant terre que d'un côté, du pied et de la main. Le canard municipal est l'incarnation même de la créature inutile, ni comestible ni décorative, mais à laquelle on ne peut que s'attacher.

Le sportif chinois est tout en épaules. Il court, saute, soulève des charges disproportionnées avec un sérieux de militant. Jamais un regard, jamais de pause. Il fige son esprit. Il livre son corps au mouvement perpétuel. La climatisation du fitness coupe le souffle. Personne ne transpire. Les mines sont fraîches, les combinaisons moulantes et démodées, impeccables. Vers le fond, les bodybuilders sous anabolisants ont les jambes velues. Un rien, et ils montent sur leurs ergots.

*

Une névralgie derrière l'oreille. Vertiges. Nausées. Mon corps est un alliage de ville et de parole. Il se fissure.

22 heures. Une main furtive glisse un prospectus de call-girl sous la porte de ma chambre. Une réalité sordide, un souffle d'air, une forme de grâce. L'image de ce que pourrait être la vie sans l'écriture.

XXVII

83 Changshu Road. Ancienne concession française. Restaurant Xibo. Midi. Le consul, blond, cravaté panzer, est un carnassier disposant de réserves d'humanité. Trois ans lui ont suffi pour faire le tour de ce que Shanghai peut offrir sans se répéter. Course entre lui et cette ville qui grandit plus vite que les mises à jour de son GPS. Destruction des vieux quartiers aux infinies perspectives, floraison d'espaces rationnels. Il lui arrive encore de se perdre. L'écran directionnel de son tableau de bord s'éteint. Mais ces moments sont rares. La Chine comble ses vides. Reproduisant les erreurs de l'Occident, elle connaîtra son déclin sans avoir fait les mêmes rêves que lui. Les modèles de développement urbain post-Kyoto spéculent sur la pérennité des systèmes socio-économiques actuels dont ces accords prédisent, par ailleurs, la faillite. Cette schizophrénie permet aux architectes de s'enrichir. Ils dessinent et vendent des

projets de ville-nature, mais relevant, en réalité, de la folie des grandeurs qui présidait déjà à la construction des pyramides. Les populations sont exclues de l'équation qui modèle le paysage. Les besoins fondamentaux de l'homme, l'autonomie, la connaissance, le plaisir sont réduits à la consommation et au travail.

*

Les platanes du quartier sont battus par le vent. Les balayeuses chassent les premières feuilles mortes. Un cycliste passe. Il flotte entre élégance coloniale et bâche de jardin. On ne voit que ses sourcils, ses longs cheveux noirs, un masque chirurgical, des chaussettes blanches, des loafers vernis. La silhouette gracile disparaît. Elle réapparaît métamorphosée dans la vitrine d'un karaoké. Banane, rouflaquettes, costume brodé d'or, ceinturon, pattes d'éléphant. Michael Jackson est vivant. Il travaille à Shanghai comme sosie d'Elvis Presley.

XXVIII

Pudong. 200 Yincheng Road. Bank of China Tower. Bankers Club. Une femme vient me chercher à l'hôtel. Elle a un peigne en forme de papillon dans les cheveux. Je la connais. Elle est aussi éditrice à l'Association des écrivains. Elle conduit vite. Nous roulons sans nous arrêter aux feux. Elle me pose des questions. Elle parle français sans accent. Nous traversons le fleuve. Elle prend les sens interdits, elle franchit les lignes blanches. Nous nous garons dans un décor de station lunaire. Elle sort. Je la suis. Elle marche vite. Elle a piqué le badge de la banque de Chine à son revers. Le papillon en strass brille sur sa tête. Il a quelque chose d'irréel, même dans ce quartier d'immeubles stratosphériques. Il est l'esprit chinois, une force volatile à laquelle rien ne peut s'opposer.

L'ascenseur décolle. Dernier étage. Un couloir plaqué cuivre de salons privés donne sur une salle de banquet panoramique, aux tables dressées.

Cinq nappes superposées par table, des éventails, des boiseries, des dorures, des sièges hauts sur pattes plantés dans la moquette. On cherche les étiquettes de prix sur l'argenterie, les verres, les chandeliers. Un chef en toque assure aussi le service. Il apporte des plats fades et prétentieux. Nous mangeons. À nos pieds, la ville est un tapis de miettes. Ma guide me prend en photo. L'immeuble est silencieux. De grands bacs de plantes grasses fermentent sous la lumière directe du soleil. La visite prend fin. L'ascenseur en verre retraverse les cinquante-trois étages somnolents avant de se poser au centre d'un hall aux dimensions d'aérogare. Les banques chinoises ne se donnent pas la peine de paraître affairées.

Nous sortons. La femme allume une cigarette. « Envoyez-moi vos poèmes. Je verrai si je peux les faire traduire. Mettez-vous là, s'il vous plaît. Ne bougez pas. » À nouveau, elle me prend en photo. Depuis peu, les sociétés chinoises louent des Occidentaux. On ne leur demande rien. On les installe bien en vue pour faire bonne impression. Je suis l'homme blanc en vitrine.

Le gratte-ciel voisin est celui de la HSBC, la Hong Kong & Shanghai Banking Corporation, fondée en 1865 par les Anglais pour récolter les fonds du trafic de l'opium.

*

En Chine, l'amour ne se fait qu'en l'absence d'amour. Le communisme détruit la personne. Le bar de mon hôtel donne sur un couloir. À l'autre bout, une buanderie. Des piles de linge, reliques du sommeil tarifé. Ensuite, une porte rouillée. Derrière, un terrain vague. Je traverse une herbe rase puis une étendue gravillonneuse. J'écrase des coquilles, des carapaces de crustacés, des os. Des restes de festin qui annoncent la tanière d'un fauve. Une torchère marque l'entrée d'un immeuble. Les prostituées attendent sur une banquette, les genoux remontés. Elles sont maigres. Elles portent des nuisettes. Leurs bas tirebouchonnés ressemblent à de la peau fripée. Des légumes sèchent par terre. Un spot est braqué sur ces corps immobiles.

*

La chambre est petite : un lit à une place, un tabouret, un ventilateur, aucune fenêtre. Un téléviseur est vissé au plafond. Il projette l'une de ces émissions qu'on voit ici à longueur de temps. Un militaire pointe les îles japonaises de Senkaku à l'aide d'une baguette sur une carte d'état-major. Ses harangues sont entrecoupées d'images d'archives (l'invasion nipponne de 1931) et de spots publicitaires. Les couleurs pimpantes succèdent aux tons sépia, pleines d'ombres effrayantes, instaurant un lien de parenté entre la guerre et la joie, comme si cette chronologie forcée les faisait découler l'une de l'autre. La dictature consumériste passe bien à l'écran. La fille allume une bougie. Un rideau en plastique délimite le coin salle de bains. Les cloisons laissent filtrer les bruits de l'immeuble. On entend des rires devenant des cris, la cavalcade des clients dans l'escalier, les klaxons des mobylettes sur le boulevard. La fille se tortille. Sa jupe ne s'ouvre pas. Elle finit par se déchirer à l'arrière. Sa peau est très blanche. Elle porte un chignon maintenu par une broche en forme d'insecte ou d'oiseau. Elle entre dans la baignoire. Elle s'allonge. Elle frissonne, les jambes serrées, les mains croisées sur la poitrine. Quand l'eau lui arrive au menton, elle veut se redresser. Ses talons heurtent les bords de la baignoire. Après, la fille reste allongée. Ses yeux roulent. Son haleine sent l'alcool. Ses cheveux collent à son front. Son visage osseux au regard absent est, à cet instant, la seule beauté de cette ville, le seul but, réel ou rêvé, de ce voyage.

XXIX

Chambre d'hôtel. 19 heures. CCTV News. Moody's dégrade la note bancaire de la France. Le ministre du Budget français apparaît quelques secondes à l'écran. Son costume de grand velours ne compense pas l'impression générale de résignation. Un économiste chinois recommande pragmatisme et fermeté. Suit un flux de brèves assénées sur un ton martial : une croûte traditionnelle de lotus et de roseaux se vend plus cher qu'un Rembrandt. Une femme, empoisonnée aux pesticides quelque part dans une lointaine province, est prise d'un coup de folie. Elle plante un clou dans la tête de son enfant. Le marteau est retrouvé sous son oreiller. Miss Chine finit cinquième au concours Univers.

*

Une poussière bleue couvre la nuit ajourée de néons. On dirait qu'il neige. Les inscriptions sur les murs, les visages, tout ce qui tranche, tout ce qui heurte, est enveloppé de douceur. On respire un air familier. L'air des Alpes. On croit reconnaître la voix de quelqu'un dans une conversation attrapée au vol. La ville correspond à l'idée que je me fais de la vie antérieure. Une mélancolie humanise le délire urbain.

Brutalement, le vent met fin à ce simulacre d'hiver. Poussière, sable, papiers, sacs en plastique, tourbillons sur tourbillons.

Les voies rapides, aux pylônes rectangulaires et plats, sans tags ou affiches, abritent des charrettes massées autour de bidons en feu. Un lierre à feuilles brunes colonise les lampadaires. Il y a beaucoup de monde. Épiciers-mécaniciens-chiffonniers-ferrailleurs, tout en un. Quand ils ne sont pas debout, ils s'accroupissent sur leurs talons. Ils ont les yeux levés vers l'autoroute. Ils pensent à leur avenir. Des gerbes d'étincelles s'élèvent jusqu'au pont qui mène au centre-ville. Il est blanc. Il brille. Ici, vers ces braseros, à deux pas de l'école de Droit, des étudiants et leurs familles se partagent de grands cartons adossés à la grille du campus. Ils forment une muraille. Avec la poussière, on dirait des pachydermes en train de dormir. Ils ne sont pas agressifs, mais la violence est palpable. Leurs visages sont pâles, pétris d'une acuité prédatrice, striés d'ombre, éclatants de force et de santé. Une fille à talons aiguilles Swarovski remonte ce bidonville qui mute en quartier chic, juste là, entre un Starbucks et une librairie. Ses pas suivent le rythme hésitant de la pluie.

La mégapole a disparu. On traverse une série de carrefours comme on traverserait une petite ville provinciale. Succession de bâtiments borgnes. Un bonimenteur harangue les passants. Des guirlandes électriques s'entortillent autour de ses bras qui ondulent, hypnotisent. Les gens s'esclaffent, flairent le pot de crème qu'on leur met sous le nez, grimacent, font de grands gestes. Tous reçoivent un flyer qui reprend le slogan de la pancarte sur le trottoir : « Pommade miraculeuse de séduction et d'attirance ». La pluie a cessé. La ruelle, bordée de platanes, débouche sur une avenue. Le futur surgit de la grisaille. Les façades aux tons fades sont jetées en pleine lumière. La foule comprimée se dilate. Des immeubles de néons font exploser la monotonie du quartier. Les enseignes publicitaires sont d'immenses échelles reliant le ciel à la terre. La nuit rayonne de marchandises. Absorbant ce bétail humain, l'Apple Store ouvre sa nasse de verre.

Apple Store. 282 Huaihai Zhong Road. 21 heures. Vigiles Matrix, lunettes fumées, oreillettes. Vendeurs gravures de mode, volubiles et montés sur ressorts. Le mien s'appelle Link. Il a un doctorat en informatique, un long métrage en cours, un roman sur le feu, il rédige une grammaire chinoise pour étrangers et il enregistre un CD de rap, parmi d'autres projets. Dehors, la pluie frappe les cloisons transparentes. Les écrans 27 pouces diffusent une lueur d'outre-tombe sur les dizaines d'enfants massés dans le *Genius Corner*, une garderie aux allures de bloc opératoire. Les gamins y traînent leurs parents. La plupart ont moins de dix ans. Ils ne sont pas ici pour s'amuser. Ils manipulent des logiciels de programmation, juchés sur des tabourets de bar qui leur font des queues de métal. Leurs doigts crépitent. Pattes de mouche. Ils façonnent un monde dont celui-ci est l'ébauche. Comme les scorpions, ils survivront à la pollution, aux catastrophes nucléaires, au réchauffement climatique, à la chute des météores. Assoupis à leurs côtés, les adultes trouvent le temps long. Ils éprouvent de la fierté et un vague sentiment d'humiliation.

Hôtel. Tard. Les prospectus de call-girl glissés sous ma porte proviennent de la chambre voisine. Elle est occupée par deux filles. La petite est maigre, haut perchée, bijoutée. Elle s'élance militaire en direction des ascenseurs dans une traînée persistante de Chanel N° 5. Elle rejoint ses clients en ville. La grande se promène en nuisette et mules assorties. Elle ne quitte pas l'immeuble. Elle ressemble à la reine du Bhoutan dont le mariage au pays du Bonheur éternel passe en boucle à la télévision. Son visage tragique est celui des filles pauvres qui se vendent au plus offrant sans trouver leur prince Charmant. Elle emprunte les escaliers de service pour circuler entre les étages. Je l'entends souvent écouter de la musique. Elle ne se douche pas entre deux clients.

XXX

Jamais je n'ai vu se dessiner, comme ici, l'avenir du monde. Shanghai est le chemin le plus court entre hier et demain. Dans l'immédiat, ce chemin me conduit dans un bouiboui uigur. Un client. Devant lui, une dizaine de bières brunes et un plat d'os. Sa femme et ses enfants sont restés au pays. Il est chauffeur routier. Il jure dans son assiette. Le serveur, un gamin en costume de vacher, dansotte les bras en croix entre son gril, une caisse en tôle fumant devant la porte, et le congélateur au fond de la salle. Il chante le mauvais charbon et la mauvaise viande, il chante les immeubles et les ponts suspendus, il chante avec ardeur comme on chante, chez lui, le feu et la steppe, le chameau et le loup. Le uigur est la langue des montagnes de l'Altaï, des rivières Ob et Irtych, des forêts de Sibérie, des rocs, des petits monts, des herbes sèches de Mongolie. Son débit est plus rapide que le turc, sa musique à la fois plus claire et plus flottante que le persan, plus tragique, mais plus douce que le russe. Les voyelles sont courtes. Elles permettent de respirer entre les consonnes. Elles expriment la vie sinueuse des nomades d'Asie centrale. Je trinque avec le routier. «Santé! *Hosch!*» Les fumées de la ville, enflammées par les braises du barbecue, tournoieront jusqu'à l'aube comme de la poussière d'or.

«Si tu veux connaître un peuple, regarde dans son assiette», dit un proverbe sicilien. Rien d'étonnant. La mer et la campagne s'épousent sur les marchés de Palerme. Nulle part ailleurs ne s'étale un tel choix de formes et de couleurs. Les Siciliens ne savent guère cuisiner. Peu importe. Ils se laissent servir par la nature. Poissons, poivrons, avocats, olives, vin. La profusion fait le festin. De l'autre côté du monde, la Chine surpeuplée épuise ses ressources. Le sol est maigre. Le climat, trop sec ou trop humide, brûle ou noie les récoltes. La viande et les légumes se vendent au prix des pesticides et des métaux lourds. Les produits sont convoyés en pleine chaleur des jours durant, avant d'atterrir sur une table. Il faut donc les préparer avec soin pour masquer la catastrophe. À force, les Chinois ont développé une science des saveurs. Leur cuisine est une chimie d'aromates. Une pincée de wuxiangfen, la poudre aux cinq parfums, transforme un morceau de couenne en filet mignon. La châtaigne d'eau, croquante et sucrée, sauve n'importe quel brouet de sang. Mais malgré ses prodiges, la gastronomie chinoise garde un fond de punition. Tous les animaux sont débités au hachoir. Pointes d'os, arêtes. On crache, on tousse, on s'étrangle. On mange des barbelés.

La cuisine de Shanghai est à la fois meilleure et pire que celle des autres provinces. Elle est l'art de la contrariété. Il y traîne un cul malpropre qui sublime et qui pervertit le goût. Quel que soit l'assaisonnement, les plats fades, le riz, le tofu, le poisson, le bœuf, voient leur base exaltée et trouvent des notes de fleurs, tandis que les mets savoureux, le canard, l'agneau, le lotus, la grenouille, semblent pourrir en bouche. Ce prodige vient de l'eau. Elle stagne sous la ville depuis la nuit des temps. Elle la transperce de part en part. Mélange de forces contraires, elle contient son histoire. Il suffit d'ouvrir un robinet pour déterrer une civilisation. Son avènement, sa gloire, son déclin. Des perles et des cadavres. L'odeur des siècles suinte par tous les trous. Shanghai est un marécage sous un couvercle en argent.

Pensée du jour : manger avec des baguettes est comme courir dans un cauchemar, une suite de mouvements précipités qui ne font pas progresser d'un pas.

XXXI

Qibao, Qingnian Road, Cricket Museum. Parmi cent cinquante espèces de criquets, la plus batailleuse, dite « sable de métal », vient de Qibao, la cité lacustre de Shanghai. Le premier octobre, jour de Fête nationale, les combats font rage au premier étage du musée du Criquet. La maison a été construite par l'empereur Qianlong (1735-1796) à l'emplacement d'un cabanon de pêcheur. La baraque fut rasée et son propriétaire pendu, car l'un des criquets du roi s'y était faufilé et n'avait pas été retrouvé. Le rez-de-chaussée du musée est placardé de portraits d'insectes à l'encre de Chine. Plus de quatre cents champions des temps anciens veillent sur leurs pairs contemporains, de fameux lutteurs conservés dans le formol au centre de la salle. On contourne cette vitrine pour accéder à l'escalier. En haut, les paris font rage. Les combattants sont placés par paires dans un anneau de plexiglas d'une trentaine de centimètres de diamètre. Une caméra filme l'arène miniature divisée par une cloison amovible. La scène est projetée contre un mur. On asticote les insectes avec une paille. Quand ils sont énervés, on retire la cloison. Rien ne se passe. Les criquets sont des animaux raisonnables. Ils voudraient rentrer chez eux. Ils jouent à saute-mouton. Ils roulent sur le dos. L'assistance pousse des «ooohhh» et des «aaahhh». Le combat est terminé. Un autre commence. Les criquets sont rarement blessés. Le gagnant et le perdant retrouvent leur boîte cylindrique en terre cuite. Le premier sera remis sur le ring, le second, relâché dans la nature.

Contrairement aux corridas, aux matchs de boxe, aux combats de sumos, les affrontements à la chinoise ne magnifient pas la force. Ils la tournent en ridicule : héros de la taille d'un petit doigt, espaces réduits pour attaques foudroyantes et sans danger. Inutile de rappeler quelle nation est invincible au ping-pong… Quant aux arts martiaux, ils n'ont rien de chinois. Ils sont dérivés du kalaripayat indien, ancêtre du kung-fu, importé au Tibet en 510 par le prince Bodhidharma, 28e patriarche de Bouddha, moine contemplatif aux fantasques éclats de colère.

146 East Jiangwan Road. Aujourd'hui, c'est jour d'entraînement à Lu Xun Park. Les criquets, attachés à de longs fils de soie, sautillent entre les

jambes de leurs maîtres qui vont et viennent sur l'allée. Un vieillard caresse ses insectes à l'aide d'une plume. Non loin, le musée du poète Lu Xun laisse échapper un bataillon de femmes de ménage gantées de jaune. Elles essaiment en direction de la statue du grand homme coulé dans le bronze. Un groupe de Japonais, reconnaissables à leur bandana blanc à point rouge, se tiennent sur la pelouse. Ils hurlent. Ils ont le buste droit et les jambes fléchies. Dignes, ridicules, ils manient un bâton comme si leur vie en dépendait.

XXXII

Nuit à boire avec les autres écrivains en résidence. Un Indien ombrageux et sentimental, une Australienne végétarienne, un Anglais, subtil professeur d'Oxford, une Mexicaine enthousiaste et fauchée, une Française passionnée, un couple d'Irlandais chaleureux, mais discrets. Décision est prise de partir en train pour Kashgar le lendemain, en suivant la route de la soie.

Personne ne partira. Nous sommes libres d'aller où bon nous semble, mais l'Association des écrivains de Shanghai multiplie les rencontres, les lectures et les repas de poissons morts, dès que nous faisons mine de quitter la ville : anguilles bouillies sur plaques tournantes, tofu frit, légumes de jus tiède, bières rocailleuses de glaçons, vin Great Wall habillé Bordeaux sauf pour l'arrière-goût Coca-Cola. Nos hôtes ont des têtes soucieuses de philosophes. On s'attend à entendre l'oracle. Mais quand ils ouvrent la bouche, c'est pour parler de la pluie et du beau temps.

★

L'Association nous verse un salaire de 100 yuans par jour, équivalant à la pension d'un ingénieur. Cette somme lui permet de s'offrir un lit en chambre commune dans un hospice, une chambre à cinq lits, tournée vers l'est. Celles à trois lits, face à l'ouest, sont réservées aux retraités des ministères.

Les courriers électroniques n'arrivent qu'au compte-gouttes. Les messages sont filtrés. La plupart des sites Internet français, y compris les sites littéraires, sont inaccessibles. Il est facile de contourner la censure. Je télécharge *Lost in Beijing* de Li Yu. Une histoire de prostitution, de chantage et de viol, projetée au Festival international du film de Berlin en 2007. Le film est interdit en Chine pour cause de «scènes de sexe bruyantes et gratuites». On ne peut pas parler de prostitution en Chine, de même qu'on évite les trois «T», Tienanmen, Tibet et Taïwan. Je pose l'ordinateur portable sur le rebord de la fenêtre. L'homme et la femme sont nus. Ils s'étreignent debout sous la douche. La femme passe les jambes autour de la taille de l'homme qui la plaque au mur. L'eau ruisselle. Les tuyaux au plafond sont rouillés. La femme empoigne les fesses de l'homme à deux mains. Elle crie. Je tourne l'ordinateur vers la rue. Les immeubles voisins sont dans le noir. L'écran ajoute une étoile dans le ciel de Shanghai.

L'écriture est comme la ville, vide et disponible. Elle attend qu'on la remplisse d'images. Métaphores d'un côté, affiches publicitaires de l'autre. Cartes aux filles nues glissées chaque soir sous ma porte, lien charnel entre le vide en soi et le monde.

XXXIII

675 Julu Road. Maison de l'Association des écrivains. Rencontre informelle. Tour de table, présentations. Les non-Chinois disent deux mots d'usage. Les Chinois ont préparé cinq pages dactylographiées qu'ils lisent avec application. Ils sont une dizaine. La présidente, au visage furieux même quand elle rit, insiste sur l'honneur qui nous est fait. Une fille emballée soubrette bleu pâle sert le thé. Ses mains rougies, aux épaisses jointures, sont celles d'un homme manipulant des acides.

« Toute littérature est assaut contre la frontière. » Jamais cette phrase de Kafka ne fut aussi vraie. Il suffit d'ouvrir la bouche pour se heurter à un mur. Chaque fois qu'on pose une question, on est refoulé par des réponses hors de propos, renvoyant systématiquement à la Chine. Qui veut comprendre les Chinois doit se souvenir de son père et de sa mère. Si nos parents nous aiment du mieux qu'ils peuvent, ce mieux ne correspond jamais à nos attentes.

La Chine s'abrite derrière des murailles, mais elle perçoit l'étranger comme une prolongation d'elle-même, superposant les notions de frontière et d'infini.

Les écrivains face à nous ont moins de trente ans. Ils sont crispés sur leurs feuilles. Les écrivains en résidence, assommés par les préambules, dorment ou consultent leurs iPhones. J'évoque Paul Celan. Silence. Je parle du soupçon qui pèse sur la littérature européenne depuis la Shoah. Silence. Je veux connaître les effets de la Révolution culturelle sur l'écriture de nos hôtes. Néant. La Chine me contemple avec dégoût. Un professeur à blouse d'anesthésiste finit par répondre : « La langue chinoise est trop ancienne pour avoir ce genre de problèmes. »

La romancière française parle de la disparition programmée du mot « Shoah » après sa récente éviction des manuels scolaires en France. Le sous-président s'évente : « Tant que ce mot demeure dans le dictionnaire, il ne disparaît pas. » Il est plus difficile d'utiliser un dictionnaire chinois que de terminer un Rubik's Cube les yeux bandés. On comprend pourquoi ces jeunes écrivains ne savent rien. Et pourquoi l'Europe en faillite révise son

Histoire pour se mettre au diapason de son dernier créancier.

J'enfonce le clou : « L'Allemagne, la Chine, deux histoires aux chapitres superposables. Désigner un groupe cible, les Juifs chez nous, les intellectuels chez vous ; s'acharner ; bain de sang collectif, extase meurtrière puis culpabilité de masse. Les générations suivantes tournent la page. Aujourd'hui, l'Allemagne et la Chine tirent l'économie mondiale... Les États prospères ont massacré leur population... Tout ce sang se voit-il dans votre littérature ? »

Une main effleure la mienne. Une main rougie, puissante. La servante remplit ma tasse de thé. Je me tais. Je repousse le micro. Les Chinois ne veulent pas nous comprendre. Ils écoutent seulement le son de notre voix.

Je vis en Chine la vie du dernier des Mohicans. La fin de l'art. L'avènement du folklore. La France me manque. La Chine me manque encore plus.

*

Devant l'hôtel. Tard. Une femme entre deux âges juchée sur une mobylette. Elle lit sur son téléphone, pieds nus, en tailleur blanc boudiné, un sac de légumes ficelé au porte-bagages. Ses bottines sont accrochées au guidon. La lueur de l'écran, la position inconfortable du corps suspendu à son point de lumière, sanctifient ce temps de lecture. La femme se rechausse avec peine, démarre. Le bruit du moteur ricoche entre les immeubles termitières. Ils sont plongés dans l'obscurité sauf là-haut, vers les machineries d'ascenseur éclairées Las Vegas, soulevant cette nuit d'énorme et de dévorante passivité.

La Chine est un ensemble d'actions et de réactions régi par une loi simple. La vie se résume à ce qu'on a sous les yeux. Dans cet univers point dépourvu de profondeur, la littérature est un objet banal.

La mobylette pétarade encore. Comme elle, l'écriture n'a d'autre but que de briser le silence.

XXXIV

La femme chinoise se décline en deux modèles. Le plus courant est robuste. Ses manières sont directes et maternelles. Originaire du Sichuan, du delta du fleuve Jaune et des provinces du Sud, cette travailleuse acharnée, d'une coquetterie rustique, fait une excellente mère, mais une déplorable épouse. Sa sensualité a quelque chose d'organique et d'accroupi, comme une cuve qui servirait à la fois de lit nuptial, d'atelier, de baignoire, de mangeoire et de berceau. Ses gestes sont brusques. Son corps trapu s'empâte dès l'adolescence. S'il fallait lui trouver un totem, ce serait une chimère mi-lionne mi-crapaud. Toujours la bouche ouverte à donner des ordres, sachant ce qu'elle doit faire et le faisant dans l'instant. Elle se bat volontiers, mais elle préfère la dissuasion. Sa masse suffit à imposer le respect, y compris aux hommes. Son mari puise en elle le courage dont il a besoin pour se lever le matin.

Les provinces du Nord produisent un autre type de femme. À la campagne on l'utilise comme bête de trait. Sa taille occulte sa beauté. En ville, elle s'épanouit comme la rose du fumier. On ne voit qu'elle. Sa lenteur aérienne illimite ses gestes. Il est douloureux de la regarder. Sa minutie, sa propreté, tranchent sur l'approximation du paysage urbain. Elle est l'absolu de ce monde fabriqué.

Shanghai. On croit voir un gratte-ciel, on se trompe. On est le nez en l'air à contempler une pile de faux marbre. On se fait bousculer sur un passage piéton par l'une de ces limousines, carrossées dictateur, qui pullulent (un piéton n'a jamais la priorité à moins de pousser, à son tour, un plus petit, mais les enfants sont rares ici). On la suit du regard, c'est juste un vélo sous une jupe en tôle clinquante.

La femme du Nord survole la mêlée. Sa majesté saisit l'homme aux parties. Il la regarde, croit mourir, voit sa vie défiler. Pulsation de regrets. Il est bouleversé par l'assurance des yeux qui se posent sur lui, qui déjà se détournent pour se poser ailleurs, encore et encore.

XXXV

Fudan University. 220 Han Dan Road. Le taxi roule plein nord. Morphologie de Shanghai : brillante carcasse ajourée sur socle en tétrapacks, ligaturée de ponts suspendus, avançant par à-plats et remblais, de terrains vagues en boulevards, jusqu'aux lointains anneaux de son reflet sur la mer. Cet alliage sublime et déglingué évoque une relation amoureuse. L'arrière-plan se compose, depuis une demi-heure, de gratte-ciel feng shui, aux façades trouées pour attirer la chance. Ces lignes pures se doublent de zones à peine plus denses que la brume, parcourues de secousses, absorbant les rayons du soleil, hérissées, impossibles à identifier. Mais comment résister aux analogies ? La moins extravagante serait une succession de pas de tir livrés à l'incendie, où les fusées carbonisées, vibrantes de fumée, se dresseraient comme des broches. Au cœur de ce fragment, huit millions d'habitants.

La partie inférieure de l'espace disparaît dans la pollution. On devine des parcelles de maisonnettes aux toitures ocre reliées dans les coins par des cylindres (réservoirs ? guérites ?) de couleurs vives, mais filtrées par la poussière. Ces teintes lumineuses et passées se retrouvent aussi sur les innombrables taxis VW se bousculant à tous les étages de la ville. Au premier plan, des immeubles grand luxe tirent les yeux vers le ciel. Leur base fonctionnelle, carrelée boucherie, bardée de climatiseurs, s'effile à mesure qu'on s'élève avant de se scinder par groupes de cinq. Forêt d'avant-bras et de mains dressées. Tout en haut, en lieu et place des sempiternelles baies vitrées pour milliardaires, le faste fait place à l'esprit midinette. Chacune de ces tours est coiffée d'une maison de poupée avec jardin potager et cheminée qui fume.

Une heure de route sans que les bâtiments ne s'espacent ou ne s'amenuisent. Où qu'on aille, Shanghai avance aussi. Cette ville ne glisse pas du centre vers la périphérie à travers des zones mitées de HLM, d'usines, de supermarchés. À Shanghai, le centre est partout, la banlieue nulle part. Mais quelque chose vient de changer dans la permanence de son gigantisme. On ne voit plus un vieux.

13 heures. Je suis en avance. L'entrée principale du campus de l'Université de Fudan est envahie

par les vélos posés contre les murs, renversés, empilés, cadenassés par dizaines. Quelques voitures officielles et des pétrolettes d'entretien franchissent le poste de contrôle. De face, un Mao empâté, vertical dans la structure et drapé pour la parade, se voudrait sévère. Il ressemble à la statue d'un Commandeur en cure à Quiberon. Passé le goulot, on croise quelques piétons, surtout des étudiantes, les futures diplômées et femmes célibataires qu'on appelle *feng nu*, « celles dont personne ne veut ». Elles vont par deux en chuchotant. Pas une affiche. Pas un papier gras. Mines sombres. Par les fenêtres ouvertes des pavillons à deux étages, on aperçoit des bustes affalés sur des tables. Dominant ce pays des songes, deux tours sur colonnes, délire architectural hellénisant, ont remplacé l'ancien collège des Jésuites. Des gardes armés patrouillent. Ils secouent les jeunes sur le gazon, fauchés par la fatigue, ils se faufilent, ils espionnent, ils se mêlent aux groupes d'étudiants qui cherchent en vain une raison de s'amuser. Les couloirs, les WC, même les poubelles sentent le propre. Une Suisse miniature ou un hôpital de convalescents.

13 h 30. Je retourne vers l'entrée. Les instituts des sciences humaines, couverts de lierre, sont déserts. Un chat se prélasse au soleil. Je connais ce climat de mort cérébrale, cette torpeur studieuse des hauts lieux de l'intelligence : Oxford.

Mon ami professeur est pimpant. Il m'accueille en compagnie de deux étudiants. La fille, vive et belle, veut devenir traductrice, le garçon, apathique, écrit de la poésie. Nous quittons le campus pour un café sur l'avenue. Il fait chaud. Gaufres et salade de fruits. Chacun lit un texte dans sa langue maternelle. Ces lectures, où le chinois et le français se croisent sans se comprendre, font éclore quelque chose. Il ne s'agit pas de musique. Il ne s'agit pas même de rythme. Un sens mystérieux naît de l'incompréhension. La Chine et la poésie ne forment alors plus qu'un.

Le taxi me ramène vers Zhongshan Park. Le jour décroît; la nuit augmente. Les forces de sécurité quittent leurs casernes et prennent position aux carrefours. Une foule digne et douloureuse envahit les allées. Comme j'aimerais ne jamais revoir Paris, renaître au sein d'une famille chinoise, modeste et convenable, quelque part dans cette ville de folle espérance et d'immense résignation. Comme j'aimerais pouvoir sentir et penser à travers l'un de ces passants riant à gorge déployée dans ses vêtements bon marché, ou dormant dans une plate-bande, son balai en travers des genoux, boire et manger au coin des rues, assis sur mes talons en élaborant des stratagèmes pour manger plus et vivre mieux, demain, avant de me réincarner ailleurs, dans cette même humanité souffrante, équitable, indifférente au pouvoir. Je n'ai pas de ville natale. Le peuple est ma demeure.

XXXVI

Shanghai Film Art Center. 160 Xinhua Road. 20 heures. Projection de *Paris je t'aime* en présence d'un producteur et d'une actrice, épouvantail de lévrier afghan. Public blasé d'expatriés et d'étudiants en cinéma excités d'être là, atterrés par le spectacle, un saupoudrage de lieux communs formatés pompe à fric internationale. Seul l'interprète, jeune Chinois parlant mieux le français que les Français présents, connaît son métier.

La projection terminée, les expatriés se dispersent sur le trottoir. Les portes de taxi claquent derrière eux.

Il y a en chaque expatrié un enfant contrarié. Il lui faut tout, tout de suite, mais ce n'est jamais assez. Arrivé à un certain âge, il comprend qu'il n'aura ni famille ni amis, ni ici ni nulle part. Son peu de sagesse n'a aucune profondeur. Grappillée dans les cocktails, elle vaut l'expérience des putains qui connaissent la vie sans avoir lu un livre.

XXXVII

Le Chinois s'enterre. Il creuse des labyrinthes qui courent de village en village sous les rizières, et de vallée en vallée. L'air libre l'égare. Il veut se sentir enveloppé. Mais les catacombes lui sont inconnues. Il ne s'enterre pas pour affronter l'éternité. S'il creuse, c'est pour mieux oublier l'horizon. Il n'aime que le sol sous ses pieds.

Changning Road. Métro ligne 2. Arrêt 7. Recenser toutes les personnes qui sortent de cette bouche. Éclair de la foule dans l'œil :

jupe rose trémière et ceinturon zigzag Pocahontas / ado grands pieds ralenti par les hormones / forte chemise hawaïenne pour taupe à lunettes / polo rugby rayé vert et blanc coiffé bol hérisson / fillette montée en graine à chignon boule / talons saumon de rivière instable s'observant dans la vitrine / paire de sourcils heureux / couple tyrannique strié de bleus / infirmière ou maîtresse d'école en tablier carton / vieillard chic à serpillière et seau rouge / top moulant paillettes de patineuse avec iPod / labrador sans maître / sœurs siamoises, regards de biches, corps de requins / sandales de gladiateur, fiole en bandoulière et Smartphone texto / DJ poncho électrique avec masque chirurgical / garçon tee-shirt troué ahuri le nez en l'air / grand-mère du haut et gothique du bas / caissière Carrefour se curant les dents d'un doigt / enfant portant caisse à chat / homme en pyjama / huit paires de jambes baguettes / vieille femme avec cloche autour du cou / homme en short et ceinturon macho texan / fashion victim à tignasse mitée / mini-tête asexuée se pinçant le nez / course de baskets orange et jaune, une couleur à chaque pied / jupette et visage triangle dans halo téléphone / queue-de-cheval sur talons interminables étroite de hanches immobile à mes côtés

Cette séquence a duré cinquante secondes. Régulièrement, un passant s'arrête et me regarde écrire. Écrire est fastidieux pour les Chinois. La difficulté d'un problème ne tient pas à la question posée, mais au nombre de caractères nécessaires pour y répondre. Quelqu'un s'immobilise. Échalas de velours cambré et colliers de chien. Je reconnais la jeune femme aux dobermans. Je ferme mon calepin, un incendie dans le cœur.

Une nouvelle vague de voyageurs déferle. Coulée sonore. Un vieillard à bandes réfléchissantes balaie les mégots en contournant cette nappe. Dans son dos, les moustiques ricochent sur un panneau d'interdiction.

Parc. Les cerfs-volants multicolores ne se croisent plus au-dessus des pelouses. À la tombée du jour, on fait voler de grands corbeaux. La terre et le ciel s'accordent. Je suis amoureux de la Chine. Je partage son quotidien d'étincelles et de noirceur.

XXXVIII

570 West Huaihai Road. Minsheng Art Museum. Conférence. « Political participation and social responsibility. »

Signer le livre de présence, traverser le musée. Un bâtiment oblong, renflement d'un corps allongé sous un drap. Salles en enfilade. La première vidéo d'art en Chine (Zhang Peili, *30 × 30, single channel video, color, sound, 32', 1988*) est projetée sur une paroi. Un personnage dont on ne voit pas le visage est assis par terre. Il casse un miroir placé entre ses jambes à coups de marteau, avant de recoller les morceaux. Le public venu pour la conférence passe derrière moi, une traînée gloussante et parfumée. La Chine de 1988 n'intéresse pas les gens d'affaires. La vidéo continue de tourner. Le marteau s'abat. Le miroir se brise. Le personnage manipule les éclats. Il les recolle. Après trente-deux minutes, le marteau s'abat à nouveau.

« L'art se tient dans le miroir de la politique. L'œuvre d'art est explicite, exposée aux yeux de tous, mais son sens complexe demeure caché. Face à elle, son image inversée, l'idéologie, est cachée dans la société, mais son message simpliste est explicite. » Zhang Peili, 1988.

Une véranda grillagée. Une trentaine de chaises Starck et des présentoirs Nespresso, sponsor de la soirée. On entend des cigales, aucun bruit de circulation. La résille des parois est soudée sur un cadre en acier.

Les deux orateurs sont côte à côte, face au public. Un Suisse, un Chinois. Le professeur zurichois, bronzage de montagnard et houppe d'Einstein, présente la démocratie helvétique. L'assistance en a pour son argent : démocratie par-ci, démocratie par-là. On explique le système proportionnel, la démocratie directe. Le public murmure. On se croirait au cirque quand le trapéziste décroche son filin avant la dernière vrille. « Le peuple peut voter des lois et même en proposer. 15 000 signatures suffisent pour lancer le processus. » Les gens se regardent. Cliquetis de bijoux.

Dehors, de l'autre côté du grillage, un gardien hurle. Un SUV ne parvient pas à se garer. Il manœuvre avec grondements de moteur et couinements de pneus. Le Suisse dit que cette institution garantit la prospérité en raison des liens organiques entre les sphères politique et économique. Cette collusion tire sa légitimité de l'aval du peuple.

Le SUV heurte le bâtiment. Les cris du planton redoublent.

Le Suisse a terminé. Il boit. Il regarde les Occidentaux au premier rang. Ils ont les mains croisées sur leurs vêtements de belle toile. Ils hochent la tête. Tout va bien.

Le professeur chinois prend le micro. Il est juvénile. Un enfant-savant. « Démocratie ne signifie pas droit de vote, mais participation du peuple aux décisions de l'État. Au sens large. » Il parle des démocraties occidentales gangrenées par l'abstentionnisme. Puis, comme tout Chinois sur le point de proférer une vérité universelle, il se met à parler de lui. « J'ai deux sœurs. Il est de ma responsabilité de prendre soin d'elles. J'ai quitté ma province, encouragé par mes proches. Ces liens familiaux m'ont donné la force d'accomplir mes études à Shanghai. La Chine est à l'image de ma famille. Tout le monde participe, et chacun protège les intérêts des autres. Nous n'avons pas la démocratie, mais l'opinion publique s'exprime mieux qu'ailleurs, sur Internet, dans la presse, à la télévision, dans la rue, partout. La démocratie est expression, l'expression du plus grand nombre. Jamais nous n'avons autant parlé en Chine, jamais nous n'avons été aussi solidaires les uns des autres. Il faut revenir aux sources de la démocratie. Elle n'est pas affaire de vote, mais d'information. Une information relayée par la population entière. Voici le vrai pouvoir du peuple : participer au débat. »

Le SUV s'est garé. Une femme élégante en sort et s'éloigne sans un regard pour le gardien qui regagne sa cabane la tête basse, maté.

Le Chinois durcit le ton. Sa voix sonne. « Qui utilise Internet ? Les jeunes. Que représente l'opinion circulant sur le Web ? La voix des teenagers. Est-ce la voix de la société dans son ensemble ? Certainement pas. Elle est celle de la rumeur et du divertissement. L'Internet tel qu'il existe est contraire à la démocratie. L'Internet que nous préparons sera purgé de toute contrevérité ou fausse valeur. Il devra éduquer. Nous y travaillons avec nos collègues suisses. Notre modèle sera bientôt opérationnel. En Chine. En Europe. Partout ! » Il crie. Les Occidentaux sont pétrifiés. Les Chinois sourient. Tout le monde applaudit.

Ce mot de *démocratie*, je ne l'ai jamais autant entendu que ce soir. Je n'en ai jamais aussi mal compris la signification. Je n'en ai jamais si cruellement ressenti le manque.

XXXIX

Union Square. Pudong. Shanghai pousse un cri muet. «Je ne suis jamais seule!»

Aux tourbillons de feuilles mortes, de papiers gras qui envahissent les rues, s'ajoute cet autre tourbillon plus sombre, incroyablement sombre de la foule coulant à la vitesse du fleuve en contrebas.

«Je ne suis jamais seule!» Slogan partout répété, colporté de vitrine en vitrine, de panneau en panneau, tombé des lèvres d'une pin-up échalas aux allures de patineuse débutante, repris par le sourire édenté d'un vendeur à la sauvette monté sur rollers lumineux. «Jamais, plus jamais!...» Credo de Shanghai affiché grand format Estée Lauder, Roger Federer, Armani, avec tout le fatras du miracle chinois, tant de fois annoncé et tant de fois mort dans l'œuf, mais qui, ce coup-ci, s'accroche comme une tique à son sac de sang frais, le sang frais de cette foule affamée qui palpe ses poches pleines de billets neufs.

Chine. Écart abyssal entre le peuple et la politique. D'un côté, l'État terriblement autoritaire qui vend pour du rêve le cauchemar de Pasolini, la société de consommation pourvoyeuse de bonheur. De l'autre, les gens qui naviguent à vue, les individus d'un accès si facile, d'une dureté si banale.

District de Pudong. Le quartier d'affaires a germé en quinze ans sur d'anciennes terres maraîchères régulièrement inondées. Manhattan se reconstruit à Shanghai. Pudong domine. Quelle que soit la volonté qu'on oppose à cette beauté froide, on s'agenouille. Quel que soit le régime capable d'un tel prodige, on l'aime. Et puis on se sent mourir de toutes parts.

*

Shanghai Daily, ce matin. La ville de Huaxi, province de Jiangsu, fête son cinquantième anniversaire en inaugurant une tour de 328 mètres coiffée d'une sphère dorée-restaurant panoramique. Huaxi est la ville la plus riche du pays. Chaque habitant y possède sa maison, au moins une limousine et plus de 250 000 dollars en banque. L'article ne dit pas qui ramasse les poubelles.

On compte quotidiennement plus de mille manifestations violentes en Chine. Un convoi hétéroclite emprunte les autoroutes vers le nord. Véhicules militaires remontant la bande d'arrêt d'urgence, voitures privées, camionnettes, motos, bétaillères, bus, tracteurs, remorques de gravats, remorques de remorques, semi-remorques avec grues, légumes, peluches, eucalyptus en cuves, plants de thé, orangers, balles de coton, tapis, autres cargaisons fumantes de poussière. La ferraille se balance à tous les étages. Des milliers de mobylettes se faufilent. Partout des gens en train de dormir, de téléphoner, de se soulager, d'enjamber les glissières, de s'installer, de se faire cuire quelque chose, de sécher leurs vêtements trempés de sueur, de jouer aux cartes à l'ombre d'arbustes noircis par les gaz d'échappement, que le vent secoue comme des tignasses de possédés.

XL

675 Julu Road. Maison de l'Association des écrivains. Séance plénière. L'heure est solennelle. La romancière Wang Anyi, présidente, et le poète Zhao Lihong, vice-président, vont prendre la parole. Ils siègent côte à côte sous les lustres. Le Tout-Shanghai littéraire est dans la salle. Les photographes ont terminé. Ils sont désormais assis par terre, dos au mur, avec les plus jeunes écrivains. Ils sont dissimulés par les tables de banquet qui traversent la pièce de part en part. L'attente se prolonge. Wang et Zhao savourent l'instant. Ils toisent le public du haut de leur estrade. Ils sont terribles. Ils sourient avec les dents. Une interprète lisse sa jupe, coincée entre ses maîtres. Elle garde les yeux baissés. Les écrivains étrangers reçoivent les œuvres de Wang Anyi traduites en anglais. Chacun constate le nombre et l'épaisseur des livres. On étouffe. Attablés au coude-à-coude, on se tortille sur son siège. On rajuste ses manchettes. Personne n'ose

toucher à son verre. Une gerbe de lys termine chaque rangée du côté des arcades en plein cintre pavoisées aux couleurs de la ville. Les caissons du plafond déversent une lumière de vieil or. Un escalier monumental fait le lien entre le ciel et la terre. Des enfants forment une haie d'honneur le long de la balustrade. Ils portent une écharpe bleu et jaune. On entend sonner des cuivres. La salle se lève. Sur la galerie, les notables, gouvernement de Shanghai en tête, font leur entrée. Ils marchent à la queue leu leu, précédés par d'autres enfants coiffés du calot blanc des cadets de l'Armée. Les gens importants avancent lentement. Ils descendent l'escalier. Ils s'installent à la table d'honneur devant l'estrade. On leur sert des boissons. Les fenêtres illuminées, donnant sur le hall principal, leur font de grands dossiers flamboyants. La musique enregistrée s'arrête. Tout le monde s'assied. L'agitation feutrée de ce simulacre de banquet du Nobel prend fin.

Wang Anyi vient d'une famille d'intellectuels. Enfant précoce, elle récitait des poèmes classiques, dont *Le Chant des regrets éternels* du poète Bai Juyi. Elle a été déportée. Petite fille perdue des camps de redressement, elle a survécu aux conditions qui auraient dû causer sa mort. Elle est assise devant nous avec ses anciens bourreaux. Elle est devenue l'une des leurs. Elle est membre du gouvernement de Shanghai. Elle règne sur la nouvelle génération des écrivains chinois. Elle prend la parole. Elle lit un extrait de son dernier livre. Elle parle des soucis et bonheurs du quotidien. Elle parle de sa ville, Shanghai, de l'odeur de ses quartiers, de la couleur de son ciel. On sert des amuse-gueule au public.

Wang Anyi est un témoin silencieux. Qui survit, et pourquoi ? Chacun sent le scandale de cette question qui semble établir une échelle de valeurs entre les êtres humains, entre ceux qui ont eu droit à une seconde chance et ceux qui en ont été privés. Au nom de quel mérite ? Au terme de quel combat ? De quelles compromissions ? Wang Anyi ne parle pas de son épreuve. Comment le pourrait-elle ? Plus le survivant est fidèle à ce qu'il a enduré, plus il lui est difficile de témoigner. Les souvenirs toujours vivaces de ce qu'il a vécu ne se laissent pas traduire par le langage. Ils rayonnent, c'est tout. L'écriture est à ce rayonnement ce que l'orange est au soleil : un corps froid.

La présidente poursuit sa lecture. Les poncifs s'enchaînent, délayés d'images touchantes. Elle se tient droite. Elle est fière.

Une loi s'applique au survivant. Il doit témoigner, même si ce témoignage est impossible. Personne n'est en droit de lui rappeler ce devoir. Mais comment supporter qu'il le trahisse aussi ouvertement ? Les jeunes écrivains dans la salle prennent des notes. Ils pensent que les purges sont des épisodes dont on sort grandi.

Le survivant doit écrire pour détruire ce qui détruit, pour tuer ce qui tue, pour relever les faibles, pour ressusciter les morts. Ses livres ne sont jamais distrayants. Wang Anyi parle de la couleur du fleuve, d'une mère courageuse travaillant jour et nuit pour payer les études de sa fille unique. Le public a la larme à l'œil.

Suffit-il que le corps en réchappe pour qu'il y ait survie ? Quelle vie après la vie est proposée à celui dont le corps intact abrite un esprit ravagé ? Entre deux rescapés d'un même naufrage, n'avons-nous pas, malgré nous, tendance à placer plus haut celui dont l'intégrité morale nous semble plus manifeste ? Au nom de quelle insupportable vanité osons-nous afficher de telles préférences ? Notre présidente reprend haleine. Elle fait mine de saisir son verre d'eau. Elle le laisse. Elle continue.

La violence a dépouillé les survivants. Ils flottent parmi nous, ombres parmi les ombres, comme le rêve le plus flou de la mort. Leur témoignage passe à travers un trou de l'Histoire. Il ondule dans le présent sans rien révéler de ce qui est tu. Il n'a ni début ni fin, il est un fragment de la vie sauve, peut-être.

Wang Anyi a terminé. Les écrivains occidentaux attendent qu'on leur traduise ses dernières paroles. Il fait une chaleur terrible. Le vice-président s'évente. Les deux survivants se regardent. C'est tout. Leurs livres ont le moelleux d'un duvet d'oie. Ils vivent. Leurs mots flottent dans l'air. Ils ne portent aucune trace de ceux qui sont morts à leur place.

*

Nuit. Un rêve en deux parties. D'abord le ghetto de Shanghai. Le district de Hongku, au nord-est de la ville, accueillit 20 000 réfugiés juifs. Ruelles de ce quartier misérable ouvert aux persécutés, terre d'asile, mosaïque de hardes et de semelles. Un plan brouillé de larmes qui reproduit la carte de l'Europe à feu et à sang, ses collabos, ses colonnes de fuyards, ses campagnes au phosphore. Un grand vitrail d'ossements projette une lumière macabre sur la curée générale.

Le rêve bascule. L'aigle du Bundestag est jeté aux ordures de l'Histoire. Le drapeau européen claque au vent ; l'étoile de David fait cercle parmi les autres.

Le plus lointain des voyages est une prière pour les morts.

XLI

Je porte une chevalière gravée d'un Pégase. Mon père me l'a léguée à sa mort. Il la tenait de sa mère française. Cette femme moderne s'était enamourée d'un bellâtre oriental qu'elle avait rencontré à l'université avant de le suivre dans son désert. Une fois en moyenne Égypte, elle fut enfermée à la manière musulmane. Seule, désemparée, elle a subi. Mon père est né. Premier fils. Les mois ont passé. Ma grand-mère a repris des forces. Elle a soudoyé la cuisinière. Elle a fui, une nuit, à dos d'âne avec son bébé. Elle a atteint Alexandrie. Elle a attrapé le dernier bateau pour Marseille avant que n'éclate la guerre de 1914. Son mari s'est lancé à ses trousses. Trop tard.

Ma mère, elle, descend d'une famille ducale. Ses ancêtres xuètes ont quitté Majorque au XIIe siècle. Ils se sont installés au bord du Rhin. Ma mère est une sainte. Mon père, une énigme. Il m'a laissé une bague. Elle est trop grande pour moi. Je refuse de la faire ajuster. Quand j'écris, elle tourne autour de mon doigt comme le monde sur son axe.

Shanghai, je me confesse à toi. Je parcours mon arbre généalogique à la recherche d'un ancêtre commun. J'ai la peau brune de l'Oriental et blanche du Germain. La Chine me jaunit le teint. Réponds !

*

Nuit. Quartier français. Terrasse de bar. Une prostituée assise à califourchon sur un type roux. Ils dorment. Sur la table, des bouteilles de bière, un pot de Nivea ouvert. L'homme a joui, sa verge pend entre ses cuisses. Ces amants d'occasion sont détenteurs d'une vérité qui existe envers et contre tout. La beauté étrange et fugace des lézards collés à l'envers des ponts.

Le quartier français grésille. Rires. Néons. Un stand de brochettes goutte sur le trottoir défoncé par les racines des platanes. Une gamine est étendue les bras en croix, percutée par la carriole d'un marchand ambulant. La cargaison a volé sur le boulevard. Maroquinerie, bas, chaussettes, bananes, melons, pastèques. Le colporteur fume sans broncher, tout à fait crétin ou drogué. Les gens passent leur chemin. Rien à signaler. En cas d'accident impliquant des pauvres, les frais médicaux sont à la charge de celui qui appelle les secours. Deux policiers sont installés dans la supérette en face. Ils mangent, indifférents au spectacle comme à tout ce qui pourra encore arriver cette nuit.

Je suis revenu dans ma chambre. La chaleur est suffocante. Mes maux de tête empirent. Ils s'accompagnent d'une douleur dans la poitrine et de fièvre. Sans que je bouge, le mur dans mon dos se retrouve devant moi. Je ne vois plus mon visage dans le miroir. Des taches. Des éclairs. Je demande une trêve à Shanghai. Je ne veux plus me battre. Je l'implore d'une voix impersonnelle, cette voix mentale qu'on utilise pour prier.

*

Je n'arrive plus à lire. Je tiens à peine debout. La réceptionniste de l'hôtel trie les papiers que j'ai éparpillés sur le comptoir. Je les avais préparés en cas d'urgence. Je lui demande de trouver celui avec l'adresse « United Family Hospital », l'hôpital pour étrangers. Elle la transcrit en chinois. Au plafond, un lustre de carapaces de tortues.

Le taxi fonce dans Shanghai. Des camions-citernes aspergent l'asphalte. Les buildings aux écrans plasma affichent tous la même beauté fatale aux longs cheveux noirs. Elle est le luxe d'une population qui revit chaque jour sa misère.

Le taxi stoppe à hauteur d'un hangar aux portes en accordéon. L'hôpital. On y accède par un garage. Pénombre. Hommes et femmes plus ou moins dévêtus, debout, assis, allongés sur des brancards ou par terre. Puanteur. Toux. Râles. Un seul médecin soigne cette foule.

*

La littérature est possible parce qu'elle est périssable. Son agonie, plus lente que la nôtre, nous donne le sentiment de l'éternité. La littérature nous accorde un sursis. Ce qu'on écrit dépasse ce qu'on est.

XLII

Écrire la vie, non la décrire. Écrire dans la tête de ce chien albinos emporté par les escaliers mécaniques qui mènent aux parkings. Écrire comme la fumée des égouts, comme la pluie des boulevards. Écrire la Chine inconsciente d'elle-même, dans la plus grande virulence de la beauté.

Il suffirait de s'installer dans une ville, n'importe laquelle, pourvu que son murmure couvre celui de l'esprit. Il suffirait d'attendre comme quelqu'un qui serait assis dans un immeuble en feu. Se laisser dévorer. On n'écrit jamais que sur des cendres.

*

Ma mère avait douze ans quand les Russes ont marché sur Berlin. Mon grand-père avait été fait prisonnier sur le front est. Ma grand-mère, mes deux oncles et ma mère sont partis sur les routes.

Ma grand-mère a fait ce qu'elle devait pour survivre. Elle a convaincu les soldats du poste-frontière. Elle a sorti la bouteille de rhum qu'elle gardait en réserve. Elle a retiré son alliance. Elle a mis du rouge à lèvres. Elle a passé la nuit avec eux. À l'aube, la famille a traversé le fleuve. La carriole s'est élancée sur le pont. Les soldats ont ouvert le feu. Le cheval s'est effondré de l'autre côté, en zone alliée. Ils étaient sauvés.

*

Ce sont mes dernières heures à Shanghai. Je les passe avec le gardien du parking de l'hôtel. Nous partageons des biscuits d'avoine, un sandwich au thon, une pomme et un thermos de thé vert. Il me dit quelque chose. Il me montre son uniforme élimé. Je mets la main à la poche. Il s'offusque. La ville au-dessus de nos têtes se découpe en ombres chinoises sur la rampe de ciment. Je pars. Le gardien me rattrape. Il tend la main. Il n'y a peut-être rien à comprendre... On vit pour l'argent. Le reste vient tout seul.

Mon voyage en Chine aura été une traversée dans la nuit, entrecoupée de quelques flashes. Je n'ai rien vu. J'ai été comme le passager d'un train de montagne ébloui par le paysage entre deux tunnels. Mes bagages sont bouclés. Je suis assis au bord du lit, stores baissés. Mes idées s'épaississent, s'obscurcissent. Cette forme générale est emplie de murmures. La plupart sont des voix d'enfants. J'en reconnais une que je n'avais plus entendue depuis des années. Mais je ne la distingue pas immédiatement des autres. Plus j'essaie de l'isoler, plus elle est avalée par un bruit de fond qui accentue, lui aussi, son indétermination. Je suis dans un brouillard de sirènes.

Shanghai et moi nous partageons bien un ancêtre commun. Je ne l'ai pas croisé dans les rues. Tout se passe comme si mon écriture l'avait traqué jour après jour, triant ce que j'avais sous les yeux. Je comprends pourquoi il m'a été impossible de faire le récit objectif de ce séjour. Ce que je cherchais se trouve pour part dans cette ville et pour part à l'intérieur de moi.

Chaque pensée, chaque sensation faisait de mon corps un objet hybride, dilaté par une douleur intime, une détresse, et par Shanghai qui s'imposait comme un multiple fascinant de la matière. J'ai voulu comprendre pourquoi j'ai tant résisté aux attraits de la nouveauté, et pourquoi, avec une même ferveur, j'ai couru si loin de mon monde. Maintenant, au bord de mon lit, au terme de mon voyage, je comprends. Quelque chose se termine et renaît de ses cendres. Cette chose se tient comme le diable à la croisée des chemins, quelque part entre Shanghai et un souvenir d'enfance.

Shanghai et moi avons le même goût pour la violence. Nous nous sommes construits et nous continuons de grandir par accidents successifs. Jamais je n'ai vu autant de corps meurtris qu'à Shanghai. Il n'y a ni guerre ni famine. Les gens semblent heureux. Mais chaque rue résonne de chocs et de cris. Désormais sur le point de partir, je perçois un rapport entre cette ville et mes souvenirs. Je pleure. Tous les murmures de la cité passent dans mes sanglots. Tous les murmures, sauf un.

*

J'avais un ami. Il était né avec les pieds bots. Nos corps estropiés avaient scellé une amitié qui devait durer toujours. Elle faisait davantage. Elle me permettait de tenir devant le miroir et de regarder paisiblement mon corps parce que mon ami portait des blessures plus hideuses que les miennes. Notre amitié me faisait oublier ma difformité. Je n'étais plus seul. Elle m'arrachait au cauchemar qui avait débuté avant ma naissance, dans le ventre de ma mère où je m'étais déjà brisé les os, et qui ne s'était jamais arrêté depuis. Voilà la magie d'une telle amitié. D'une telle reconnaissance entre stigmatisés. Je pardonnais à la vie. Je pardonnais aux années durant lesquelles j'avais fait semblant d'être bon élève et bon fils, tombant comme une pierre d'une journée dans l'autre, d'une semaine, d'un mois, d'une année dans l'autre, remportant succès scolaire sur succès scolaire, collectionnant les bulletins d'honneur en suivant souvent mes cours par correspondance, les cours des Jésuites, cloué au matelas, le crâne fracturé, le bassin fracturé, les bras, les jambes, la colonne vertébrale, les mains, les pieds et le reste fracturés, traversés de clous et de broches, alors que je remportais un succès après l'autre à l'extérieur, là, sans quitter mon lit, et que les autres enfants peinaient à la tâche, les crétins, et s'amusaient, les débiles, et respiraient l'air des saisons. Je pardonnais. J'oubliais ma rage. J'oubliais mon mépris pour l'être humain si faible, si vaniteux, se glorifiant de succès de pacotille. Je pardonnais à mes camarades, à mes parents et au monde entier. Comment ai-je survécu à tout ça, moi qui gardais ma bonne humeur, moi dont la seule revanche a été de l'apprivoiser, de donner le change quand j'étais sous morphine, ou simplement abruti par la souffrance, hébété dans ma chambre que je ne reconnaissais plus, qui s'emplissait de signes cabalistiques, d'ombres, de créatures terrifiantes dans les murs, moi qu'on admirait pour mon courage et pour ma gentillesse, moi qui voulais tuer les gens avec la haine que je mettais dans mes sourires, dans mes devoirs et que je distribuais comme des friandises, moi qui ne rêvais que de revanche, moi qui me suis enfermé, enferré dans la douleur, avec ce goût amer en bouche, nourrissant une révolte toujours plus dure et plus pure, et une frustration plus monstrueuse, et bientôt un désir plus violent ?

Je m'étais attaché à une jeune fille dont le père, peintre, me donnait des cours à domicile. Elle était blonde, grande, pleine de santé. Je lui avais écrit des poèmes. Mon cœur battait fort. Elle m'avait rendu plusieurs fois visite. Elle avait même caressé mon bras. Et puis elle n'était plus revenue.

Qui comprendra, qui voudra se pencher sur la bête sauvage que je devins alors, que j'ai toujours été sous mes dehors de premier de la classe ? Comment faire accepter, et accepter moi-même, que je périssais de n'embrasser personne, que je ne voulais embrasser personne dans de telles conditions, avec la douleur à mon chevet, que j'aurais donné ma misérable vie pour une étreinte, mais que je refusais qu'on me touche ? Depuis que cette fille m'avait abandonné, je laissais mon cœur s'exprimer. Je ne rêvais que d'un amour capable d'endurer le pire, d'un amour courageux comme le mien, pouvant supporter mes tourments, totalement soumis à ma cruauté. Je rêvais d'un amour qui soit mon égal, non seulement soumis, mais heureux de souffrir. Voilà le seul amour auquel il m'était donné de croire, voilà le seul amour auquel j'ai toujours aspiré.

Un jour, j'étais dans ma chambre à faire mes devoirs quand mon ami est passé me chercher. Ma santé avait commencé à s'améliorer. Ces embellies duraient quelques semaines, deux ou trois mois tout au plus. J'en profitais pour aller à l'école et surtout pour faire enfin les bêtises de mon âge. Puis une nouvelle fracture me renvoyait à la maison. La veille, nous avions décidé d'enfumer les abeilles qui butinaient le lierre derrière l'église. Je ne sais plus pourquoi je n'ai pas suivi mon ami. Le soir, j'ai entendu des sirènes. Des gens traversaient la place du village en courant. Des enfants criaient. Mon ami s'était fait renverser par une voiture. Il descendait le pont vers la gare en skateboard. Il n'a pas ralenti en débouchant sur la grand-route. Une camionnette de boucher l'a percuté. Il est mort sur le coup. J'étais en train de dessiner quand on m'a appris la nouvelle. C'était un visage de femme aux cheveux noirs. Sa peau était très blanche, son regard absent, elle portait un chignon tenu par une broche en forme d'insecte ou d'oiseau. Elle avait les yeux bridés. Le lendemain, j'ai offert ce dessin à la mère de mon ami. Elle m'a dit que j'avais fait le portrait de la mort.

Je suis, aujourd'hui encore, assis au bord d'un lit à l'autre bout du monde. J'ai été aussi loin que j'ai pu avec les forces que j'ai. Shanghai se referme. Ami, frère, je t'ai cherché dans la foule chinoise comme si je marchais dans le royaume des morts. Je t'ai cherché sans relâche. J'ai scruté des milliers de visages. Ils ressemblaient tous à mon dessin. J'ai traversé la ville maigre et froide, allongée, emplie de cris et noyée de brouillard. J'ai respecté le serment que j'ai fait sur ta tombe du pied du Jura, au fin fond de l'enfance, celui de ne jamais t'abandonner. J'ai tenu parole. Ce visage aux cheveux noirs ne m'a pas quitté. Est-il celui d'un ange, d'un démon, est-il l'image de ma muse ou de ma folie ? Je le dépose à tes pieds. Je le déchire aux quatre coins de Shanghai. Je le répands aux carrefours comme on disperse des cendres, comme j'ai produit et reproduit, la nuit de ta mort, l'anathème que j'ai jeté sur le monde indifférent et sur la vie impuissante. Mon voyage prend fin et le tien commence, ami, frère, une ascension au milieu des étoiles. Je te rends ta liberté. Je rentre chez moi parmi les vivants.

REMERCIEMENTS

Mes remerciements les plus vifs à Pro Helvetia.

fondation suisse pour la culture
pr☐helvetia

Ma reconnaissance à l'Association des écrivains de Shanghai, qui m'a accueilli en septembre et octobre 2011, ainsi qu'au Consulat suisse de Shanghai.

Un salut fraternel aux écrivains en résidence, Alma Brami, Colm et Mary Breathnach, Amal Chatterjee, Linda Neil, Cristina Rascon et Sudeep Sen, ainsi qu'à Thomas Schneider, Li Song, Marie-Françoise Bonicel, Bobi+Bobi, Julie-Anne Moutango-Black, Luan Guan Fu, Quan Shun Fang. Enfin, et surtout, à Constance Sarper de Gorski.

DU MÊME AUTEUR

Aux Éditions de La Table Ronde

BÉTON ARMÉ, 2013 (Folio n° 5946)

Chez d'autres éditeurs

MOUVEMENT PAR LA FIN : UN PORTRAIT DE LA DOULEUR, *Cheyne Éditeur*, 2005
DEMEURE LE CORPS : CHANT D'EXÉCRATION, *Cheyne Éditeur*, 2007
ARCHITECTURE NUIT, *publie.net*, coll. « Temps réel », 2008
SMS DE LA CLOISON, *publie.net*, coll. « Temps réel », 2008
CELLULES SOUCHES, *Mots tessons*, 2009
CORPS AU MIROIR, *Encre et Lumière*, 2013

COLLECTION FOLIO

Dernières parutions

6415. Marivaux — *Arlequin poli par l'amour et autres pièces en un acte*
6417. Vivant Denon — *Point de lendemain*
6418. Stefan Zweig — *Brûlant secret*
6419. Honoré de Balzac — *La Femme abandonnée*
6420. Jules Barbey d'Aurevilly — *Le Rideau cramoisi*
6421. Charles Baudelaire — *La Fanfarlo*
6422. Pierre Loti — *Les Désenchantées*
6423. Stendhal — *Mina de Vanghel*
6424. Virginia Woolf — *Rêves de femmes. Six nouvelles*
6425. Charles Dickens — *Bleak House*
6426. Julian Barnes — *Le fracas du temps*
6427. Tonino Benacquista — *Romanesque*
6428. Pierre Bergounioux — *La Toussaint*
6429. Alain Blottière — *Comment Baptiste est mort*
6430. Guy Boley — *Fils du feu*
6431. Italo Calvino — *Pourquoi lire les classiques*
6432. Françoise Frenkel — *Rien où poser sa tête*
6433. François Garde — *L'effroi*
6434. Franz-Olivier Giesbert — *L'arracheuse de dents*
6435. Scholastique Mukasonga — *Cœur tambour*
6436. Herta Müller — *Dépressions*
6437. Alexandre Postel — *Les deux pigeons*
6438. Patti Smith — *M Train*
6439. Marcel Proust — *Un amour de Swann*
6440. Stefan Zweig — *Lettre d'une inconnue*
6441. Montaigne — *De la vanité*
6442. Marie de Gournay — *Égalité des hommes et des femmes et autres textes*

6443. Lal Ded	*Dans le mortier de l'amour j'ai enseveli mon cœur...*
6444. Balzac	*N'ayez pas d'amitié pour moi, j'en veux trop*
6445. Jean-Marc Ceci	*Monsieur Origami*
6446. Christelle Dabos	*La Passe-miroir, Livre II. Les disparus du Clairdelune*
6447. Didier Daeninckx	*Missak*
6448. Annie Ernaux	*Mémoire de fille*
6449. Annie Ernaux	*Le vrai lieu*
6450. Carole Fives	*Une femme au téléphone*
6451. Henri Godard	*Céline*
6452. Lenka Horňáková-Civade	*Giboulées de soleil*
6453. Marianne Jaeglé	*Vincent qu'on assassine*
6454. Sylvain Prudhomme	*Légende*
6455. Pascale Robert-Diard	*La Déposition*
6456. Bernhard Schlink	*La femme sur l'escalier*
6457. Philippe Sollers	*Mouvement*
6458. Karine Tuil	*L'insouciance*
6459. Simone de Beauvoir	*L'âge de discrétion*
6460. Charles Dickens	*À lire au crépuscule et autres histoires de fantômes*
6461. Antoine Bello	*Ada*
6462. Caterina Bonvicini	*Le pays que j'aime*
6463. Stefan Brijs	*Courrier des tranchées*
6464. Tracy Chevalier	*À l'orée du verger*
6465. Jean-Baptiste Del Amo	*Règne animal*
6466. Benoît Duteurtre	*Livre pour adultes*
6467. Claire Gallois	*Et si tu n'existais pas*
6468. Martha Gellhorn	*Mes saisons en enfer*
6469. Cédric Gras	*Anthracite*
6470. Rebecca Lighieri	*Les garçons de l'été*
6471. Marie NDiaye	*La Cheffe, roman d'une cuisinière*
6472. Jaroslav Hašek	*Les aventures du brave soldat Švejk*

6473.	Morten A. Strøksnes	*L'art de pêcher un requin géant à bord d'un canot pneumatique*
6474.	Aristote	*Est-ce tout naturellement qu'on devient heureux ?*
6475.	Jonathan Swift	*Résolutions pour quand je vieillirai et autres pensées sur divers sujets*
6476.	Yājñavalkya	*Âme et corps*
6477.	Anonyme	*Livre de la Sagesse*
6478.	Maurice Blanchot	*Mai 68, révolution par l'idée*
6479.	Collectif	*Commémorer Mai 68 ?*
6480.	Bruno Le Maire	*À nos enfants*
6481.	Nathacha Appanah	*Tropique de la violence*
6482.	Erri De Luca	*Le plus et le moins*
6483.	Laurent Demoulin	*Robinson*
6484.	Jean-Paul Didierlaurent	*Macadam*
6485.	Witold Gombrowicz	*Kronos*
6486.	Jonathan Coe	*Numéro 11*
6487.	Ernest Hemingway	*Le vieil homme et la mer*
6488.	Joseph Kessel	*Première Guerre mondiale*
6489.	Gilles Leroy	*Dans les westerns*
6490.	Arto Paasilinna	*Le dentier du maréchal, madame Volotinen et autres curiosités*
6491.	Marie Sizun	*La gouvernante suédoise*
6492.	Leïla Slimani	*Chanson douce*
6493.	Jean-Jacques Rousseau	*Lettres sur la botanique*
6494.	Giovanni Verga	*La Louve et autres récits de Sicile*
6495.	Raymond Chandler	*Déniche la fille*
6496.	Jack London	*Une femme de cran et autres nouvelles*
6497.	Vassilis Alexakis	*La clarinette*
6498.	Christian Bobin	*Noireclaire*
6499.	Jessie Burton	*Les filles au lion*
6500.	John Green	*La face cachée de Margo*

Composition IGS-CP à L'Isle-d'Espagnac (16)
Achevé d'imprimer par Novoprint
à Barcelone, le 31 octobre 2018
Dépôt légal: octobre 2018
1er dépôt légal dans la collection : avril 2015

ISBN : 978-2-07-045872-1/Imprimé en Espagne

346430